手机短视频运镜拍摄

从新手到高手

云　淡◎编著

U0261103

中国铁道出版社有限公司
CHINA RAILWAY PUBLISHING HOUSE CO., LTD.

图书在版编目（CIP）数据

手机短视频运镜拍摄从新手到高手/云淡编著.—北京：
中国铁道出版社有限公司，2023.12
ISBN 978-7-113-30643-4

Ⅰ.①手… Ⅱ.①云… Ⅲ.①移动电话机-摄影技术
Ⅳ.①J41②TN929.53

中国国家版本馆CIP数据核字（2023）第200853号

书　　名：**手机短视频运镜拍摄从新手到高手**
　　　　　SHOUJI DUAN SHIPIN YUNJING PAISHE CONG XINSHOU DAO GAOSHOU
作　　者：云　淡

责任编辑：张亚慧　　　　编辑部电话：（010）51873035　　　电子邮箱：lampard@vip.163.com
封面设计：宿　萌
责任校对：安海燕
责任印制：赵星辰

出版发行：中国铁道出版社有限公司（100054，北京市西城区右安门西街8号）
网　　址：http://www.tdpress.com
印　　刷：北京盛通印刷股份有限公司
版　　次：2023年12月第1版　2023年12月第1次印刷
开　　本：710 mm×1 000 mm 1/16　印张：13　字数：223千
书　　号：ISBN 978-7-113-30643-4
定　　价：79.00元

前　言

　　用手机拍摄视频已经是现在大多数人的一种爱好，甚至是生活习惯，但是如何拍得好看、拍出特色、拍出高级感，这是一个挑战。用手机拍出大片，也是大多数摄影爱好者所追求的目标。网络平台上大部分好看的、炫酷的视频，几乎都是经过后期处理的，但前期的拍摄对于短视频来说更是不容忽视的重中之重，只有前期拍摄出优质的视频，才能在剪辑之后，达到"1 + 1 大于 2"的效果。

　　拍出高质量视频的核心之一就是要掌握运镜方法，本书由浅到深、层层递进为大家讲解了运镜的相关知识，助力大家从小白到成为运镜高手。本书注重让读者可以真正将书本知识转化为实用技能。对于运镜这一实操性极强的知识，最终都是需要用在实践之中的。

　　本书的内容系统且注重学习规律。对几十个不同镜头都做了极为细致地讲解，每一个镜头都制作了相应的演示视频。此外，将运镜内容分为 7 章，从基础到进阶，从高角度到低角度，从拍摄静态对象到拍摄动态对象，层层递进、不断加深，符合轻松易学的学习规律。

　　特别提示：本书在编写时，是基于当前各软件所截取的实际操作图片（DJI Mimo 版本：V1.8.16，剪映版本：10.4.0），但书从写作到出版需要一段时间，在这段时间里，软件界面与功能可能会有调整与变化，比如有的内容删除了，有的内容增加了，这是软件开发商所做的软件更新，请在阅读时，根据书中的思路，举一反三，进行学习。

由于作者知识水平有限，书中难免有疏漏之处，恳请广大读者批评、指正，联系微信：2633228153。

编　者

2023 年 9 月

目　录

第1章　用什么拍？稳定设备介绍　1

运镜就是运动镜头，平稳流畅是运镜拍摄的基本要求，但也是初学者经常遇到的难题。为了拍出稳定的画面，可以购买防抖性能强的手机，也可以使用辅助设备，比如三脚架、稳定器或者滑轨等，这样可以拍出更稳定的画面。本章将为大家介绍几种辅助拍摄的工具，并以大疆 OM 4 SE 手持稳定器为例，详细讲解稳定器的使用方法，帮助大家快速熟悉运镜设备。

1.1	稳定拍摄和运镜的设备	2
1.1.1	手机支架	2
1.1.2	稳 定 器	3
1.1.3	电动滑轨	4
1.2	大疆 OM 4 SE 手持稳定器	4
1.2.1	认识稳定器按键	5
1.2.2	下载和安装 DJI Mimo App	6
1.2.3	登录并连接手机	7
1.2.4	认识拍摄界面	10
1.2.5	认识拍摄模式	13
1.2.6	了解云台模式	16

第2章　用什么指导拍摄？脚本创作　19

第 1 章已经带大家认识了运镜拍摄的设备，但短视频究竟要怎样来拍摄，是靠什么来指导拍摄呢？这就需要来学习一些关于脚本的知识了。短视频脚本的作用与影视剧的剧本类似，可以确定故事方向，提高拍摄的效率和质量，还可以指导后期剪辑。本章将从短视频脚本的概念、脚本的写法、镜头的专业术语和如何写出优质的短视频脚本四个层面切入，为大家讲解如何创作脚本。

2.1　了解短视频脚本　　20

2.1.1　何为短视频脚本　　20

2.1.2　短视频脚本的构成　　20

2.1.3　短视频脚本的作用　　21

2.2　掌握短视频脚本的写法　　22

2.2.1　分镜头脚本的写法　　23

2.2.2　拍摄提纲的写法　　24

2.2.3　文学脚本　　25

2.3　短视频的镜头表述语言　　26

2.3.1　专业的镜头术语　　26

2.3.2　镜头术语之转场　　27

2.3.3　镜头术语之多机位拍摄　　29

2.3.4　镜头术语之"起幅"与"落幅"　　30

2.4　如何写出优质的脚本　　30

2.4.1　确定自己的风格　　31

2.4.2　设置转折与冲突　　32

2.4.3　注重画面的美感　　34

2.4.4　模仿优质的脚本　　35

2.4.5　优质脚本的条件　　36

第3章　用什么方法拍摄？运镜技巧　　37

在前面的章节中为大家介绍了运镜拍摄的辅助设备，但在拍摄视频时，除了需要使用设备进行辅助之外，运镜姿势和运镜步伐也是要掌握一定方法和技巧的。所以，拍摄者有必要掌握一定的运镜技巧，打好基础，让你在实战拍摄中可以拍出理想的画面。本章将为大家讲解运镜姿势、运镜步伐和运镜拍摄的一些小技巧。

3.1　运镜姿势　　38

3.1.1　手持手机时的运镜姿势　　38

3.1.2　手持稳定器时的运镜姿势　　39

3.2　运镜步伐　　41

3.2.1　移动范围较小的步伐　　41

3.2.2　跟随运动拍摄的步伐　　43

3.3　运镜拍摄的五个小技巧　　44

3.3.1　调平稳定器　　44

3.3.2　脚快身慢手不动　　46

3.3.3　找一个中心点　　47

3.3.4　适当进行仰拍　　48

3.3.5　控制距离　　49

第4章　用哪一种画面拍？运镜三要素　　51

在拍摄短视频时，画面的结构是非常重要的，好的画面结构可以极大地提升视频的美观度。而打造好的画面结构，需要掌握拍摄的角度、景别和构图这三个运镜拍摄中的关键要素。本章将为大家介绍视频拍摄角度、视频拍摄的景别、视频画面构图的相关知识，帮助大家在拍摄时可以合理安排好画面的结构，更好地利用镜头来传达思想情感。

4.1　拍摄角度与分类　　52
4.1.1　拍摄角度是什么　　52
4.1.2　常用的拍摄角度　　53
4.2　认识景别　　55
4.2.1　景别分类　　55
4.2.2　景别分类镜头　　57
4.3　如何进行构图　　61
4.3.1　前景构图　　61
4.3.2　中心构图　　62
4.3.3　三分线构图　　63
4.3.4　九宫格构图　　63
4.3.5　对称式构图　　64

第5章　基础入门运镜　　65

运镜是一种叙事形式，在短视频的拍摄过程中，在分镜头中采用一些简单的运镜，不仅有助于强调环境、刻画人物和营造相应的气氛，而且对短视频的质量有一定提升。本章将为大家介绍七种入门运镜和两种基础运镜，帮助大家打好运镜拍摄基础。

5.1　七种入门运镜　　66
5.1.1　推　镜　头　　66
5.1.2　拉　镜　头　　68
5.1.3　移　镜　头　　70
5.1.4　摇　镜　头　　72
5.1.5　跟　镜　头　　74
5.1.6　升　镜　头　　76
5.1.7　降　镜　头　　78
5.2　两种基础运镜　　80
5.2.1　旋转镜头　　80
5.2.2　环绕镜头　　82

第 6 章　进阶提升运镜　85

上一章学习了一些基础的运镜，本章将带领大家学习五个进阶运镜和六个组合运镜，这些运镜方式都是从上一章所学的基础运镜中衍生而来的，让大家在学习新的运镜方式的同时，也可以巩固和强化上一章学习的基础运镜。本章也是一个具有过渡性的章节，希望大家在运镜实操上可以稳步提高。

6.1　五种进阶运镜　86
6.1.1　正面跟随　86
6.1.2　侧面跟随　88
6.1.3　斜侧面反向跟随　90
6.1.4　过肩前推　92
6.1.5　过肩后拉　94

6.2　六种组合运镜　95
6.2.1　后拉＋环绕　96
6.2.2　横移＋环绕　98
6.2.3　推镜头＋跟镜头　100
6.2.4　下摇＋后拉　102
6.2.5　上摇＋背面跟随　104
6.2.6　正面跟随＋环绕＋后拉　106

第 7 章　不同角度运镜　109

通过前面章节的学习及动手实拍，相信大家已经掌握了一定的运镜拍摄技巧。本章将带领大家学习高角度和低角度运镜拍摄，这两种高度的拍摄相比于平拍视角是有一定难度的，但学会不同角度的运镜技巧，可以帮助大家拍出画面更加高级的视频。相信本章的内容可以很好地帮助大家提升运镜水平。

7.1　高角度运镜拍摄　110
7.1.1　上升＋摇摄　110
7.1.2　旋转下摇＋背面跟随　112
7.1.3　高空视角旋转运镜　113

7.2　低角度运镜拍摄　116
7.2.1　低角度后跟　116
7.2.2　低角度横移　118
7.2.3　全景低角度后拉　120
7.2.4　盗梦空间运镜　122

第8章 利用前景运镜 125

前景是位于被摄主体和镜头之间的事物，前景构图就是利用合适的前景来进行取景构图，可以增加画面的层次感。利用前景来拍摄视频，可以丰富视频内容，让画面看起来更加丰富饱满。本章将从前景作为陪体和前景作为主体两方面切入，介绍利用前景进行拍摄的镜头。

8.1 前景作为陪体 126
8.1.1 斜侧面跟随＋前景跟随 126
8.1.2 低角度横移＋上升＋过肩前推 128
8.2 前景作为主体 130
8.2.1 近景环绕 130
8.2.2 下降镜头＋特写前景 132
8.2.3 下移＋过肩后拉 134

第9章 拍摄静态对象 137

在前面的章节中已经介绍了几十种不同的运镜方式，相信大家对于使用稳定器进行运镜拍摄已经有了一定程度的掌握，本章将针对不同的静态拍摄对象来讲解运镜。从大家日常会遇到的拍摄对象出发，本章内容分为拍摄风景、拍摄室外建筑和拍摄室内空间三类，通过七种运镜方式教大家拍摄静态对象。

9.1 拍摄风景 138
9.1.1 远景摇摄 138
9.1.2 仰拍横移 140
9.2 拍摄室外建筑 142
9.2.1 全景摇摄 142
9.2.2 垂直摇摄 144
9.2.3 上摇＋前推 146
9.3 拍摄室内空间 148
9.3.1 横移＋摇摄 148
9.3.2 后拉＋摇摄 150

第10章 拍摄动态对象 153

在前面的章节中介绍了如何拍摄静止的被摄对象，本章将讲解拍摄动态对象的运镜。拍摄动态对象和拍摄静态对象运镜是有一定区别的，需要拍摄者根据被摄对象的运动轨迹或是运动状态来安排不同的运镜方式。本章将以拍摄人物为例，从小范围运动和大范围运动两个方面出发，为大家讲解动态对象的运镜拍摄。

10.1　被摄对象小范围运动　154

10.1.1　环绕＋推镜头　154

10.1.2　降镜头＋横移＋升镜头　156

10.1.3　降镜头＋前推＋上摇　158

10.1.4　推镜头＋环绕＋后拉　160

10.1.5　希区柯克变焦运镜　162

10.2　被摄对象大范围运动　164

10.2.1　旋转后拉　164

10.2.2　上摇＋后拉　166

10.2.3　半环绕后拉　168

10.2.4　运动环绕＋上移　170

10.2.5　无缝转场　172

第11章　《惬意的独处时光》拍摄与后期　175

掌握运镜拍摄技巧的秘诀在于多实践，而且是需要将所学的运镜方法综合起来用于短视频的创作中，才能有更多机会创作出优质的短视频。本章将以《惬意的独处时光》为例，为大家提供运镜拍摄技巧综合实战的参考，另外，还会以这个视频为例简单介绍视频后期的剪辑流程。

11.1　《惬意的独处时光》的分镜头脚本　176
11.2　分镜头片段　176

11.2.1　低角度横移　177

11.2.2　后拉下摇＋上摇后拉　179

11.2.3　反向跟随＋斜线后拉　181

11.2.4　旋转前推＋旋转后拉　183

11.2.5　侧面跟随　185

11.2.6　上升环绕后拉　187

11.2.7　低角度前推＋高角度后拉　189

11.3　后期剪辑全流程　191

11.3.1　设置转场　191

11.3.2　添加滤镜　193

11.3.3　添加音乐　193

11.3.4　添加片头片尾　195

11.3.5　添加特效　197

第**1**章

用什么拍?
稳定设备介绍

　　运镜就是运动镜头,平稳流畅是运镜拍摄的基本要求,但也是初学者经常遇到的难题。为了拍出稳定的画面,可以购买防抖性能强的手机,也可以使用辅助设备,比如三脚架、稳定器或者滑轨等,这样可以拍出更稳定的画面。本章将为大家介绍几种辅助拍摄的工具,并以大疆 OM 4 SE 手持稳定器为例,详细讲解稳定器的使用方法,帮助大家快速熟悉运镜设备。

1.1 稳定拍摄和运镜的设备

运镜相较于固定镜头来说，所拍出的视频画面会更加的鲜活灵动。而稳定性是一个高质量视频的基础，为了稳定运镜，除了手持保持画面稳定之外，在大幅度的运镜过程中，也少不了使用一些设备来辅助运镜。本节将介绍一些常用的稳定设备。

1.1.1 手机支架

手机支架包括三脚架和八爪鱼支架等，主要是用来在拍摄短视频时更好地稳固手机，为创作清晰的短视频作品提供一个稳定的支撑，如图 1-1 所示。

图 1-1 三脚架和八爪鱼支架

在选择手机支架时，不仅要考虑其结实稳定程度，还要考虑是否便携的问题。所以，可伸缩、可折叠、重量轻，这些都是在挑选手机支架时需要考虑在内的因素。

拍摄者在运镜拍摄的过程中，用手机支架固定好手机之后，可以利用长焦镜头进行变焦拍摄，完成简单的推镜头或者拉镜头的运镜。

例如，大疆手持稳定器配有可以进行组装和拆卸的三脚架，如图 1-2 所示，可以利用三脚架来拍摄一些固定镜头。

图 1-2　组装了三脚架的大疆手持稳定器

1.1.2　稳定器

手持稳定器是拍摄视频时用于稳固手机的器材，是给手机做支撑的辅助设备，如图 1-3 所示，手持稳定器可以让手机处于一个更平稳的状态。本书将在 1.2 节中详细地为大家讲解手持稳定器的使用方法。

图 1-3　手持稳定器

手持稳定器的主要功能就是使运镜拍摄得更稳定，防止画面抖动，适合拍摄户外风景或者人物动作类的短视频。手持稳定器可以根据拍摄角度或者拍摄对象的运动方向来调整镜头的方向，所以，无论在拍摄过程中如何运动，手持稳定器都能保证视频拍摄的稳定。利用手持稳定器拍摄的画面如图 1-4 所示。

图 1-4　利用手持稳定器拍摄的画面

1.1.3　电动滑轨

　　在拍摄小范围的运镜视频时，还可以使用电动滑轨（图 1-5）。使用电动滑轨不仅可以拍出倾斜的滑动效果，还可以拍出前、后、左、右的推移运镜视频。

图 1-5　电动滑轨

　　拍摄者可以使用脚架倾斜或者搭桥的模式，实现倾斜拍摄的效果。电动滑轨可拼接和自由组合长度，出门携带非常方便，还可以使用手机的蓝牙功能控制轨道的移动，操作十分方便。在实际的运镜拍摄中，电动滑轨可以用来实现一些低角度的运镜拍摄。

1.2 大疆 OM 4 SE 手持稳定器

　　下面便以大疆 OM 4 SE 手持稳定器为例，为大家详细地讲解手持稳定器应该如何使用。

1.2.1　认识稳定器按键

　　大疆 OM 4 SE 手持稳定器的按键并不多，操作起来也比较方便。下面先带大家认识一下大疆 OM 4 SE 手持稳定器的主要配件、按键和各个部件，并讲解相应功能与使用方法。

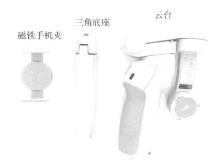

图 1-6　大疆 OM 4 SE 手持稳定器的主要配件

　　大疆 OM 4 SE 手持稳定器的主要配件有磁铁手机夹、三角底座、云台，如图 1-6 所示。这些东西都非常便于携带，且组装起来也十分容易。

　　下面来认识一下大疆 OM 4 SE 手持稳定器上的关键按键和各个部件。

　　五个按键分别是拍摄按键、控制开机和关机的 M 键、调节角度的摇杆、用来切换模式的扳机、调节焦距的变焦滑杆，按键和部件的介绍如图 1-7 所示。

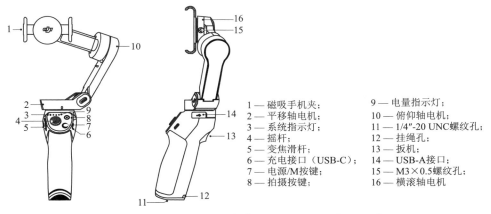

1 — 磁吸手机夹；	9 — 电量指示灯；
2 — 平移轴电机；	10 — 俯仰轴电机；
3 — 系统指示灯；	11 — 1/4″-20 UNC 螺纹孔；
4 — 摇杆；	12 — 挂绳孔；
5 — 变焦滑杆；	13 — 扳机；
6 — 充电接口（USB-C）；	14 — USB-A 接口；
7 — 电源/M 按键；	15 — M3×0.5 螺纹孔；
8 — 拍摄按键；	16 — 横滚轴电机

图 1-7　大疆 OM 4 SE 手持稳定器按键和部件的介绍

　　关键按键功能的操作方法介绍如下。

　　（1）拍摄按键：点击即可拍照或者录像，在拍照模式下，长按可以进行连拍。

　　（2）M 键：长按开机。在开机状态下，单击 M 键是切换拍照或者录像模式；双击 M 键为切换横屏或者竖屏状态；长按听到"嘀"声即进入待机状态；长按听到"嘀嘀"声则为关机。

（3）摇杆：上下推动控制云台俯仰移动，左右推动控制云台平移方向。

（4）扳机：按住不放使云台处于锁定模式，松开即退出锁定模式；单击＋按住不放时进入运动模式；双击云台回中；三击切换前后摄像头。

（5）变焦滑杆：上下滑动控制相机变焦。向 T 端滑动进行放大，即拉长焦距；向 W 端滑动进行缩小，即缩短焦距。推动一下变焦滑杆快速切换焦距倍数，持续推动滑杆则连续变焦。

总的来说，手持稳定器的操作并不是很难，拍摄者可以多多练习稳定器的使用，熟能生巧，相信大家可以很快地上手稳定器。

1.2.2　下载和安装 DJI Mimo App

使用大疆 OM 4 SE 手持稳定器需要下载一个专门的 App，即 DJI Mimo App。DJI Mimo App 是大疆为手持稳定设备打造的专属应用，拍摄者可以通过该 App 对云台相机进行精准控制。

拍摄者可以在手机的软件商店中搜索 DJI Mimo，如图 1-8 所示，可以在该界面直接点击"安装"按钮，下载安装该 App。拍摄者也可以先点击 App 图标，进入其详情界面，对该 App 进行一个初步了解，如图 1-9 所示。

图 1-8　搜索 DJI Mimo

图 1-9　DJI Mimo App 详情界面

1.2.3 登录并连接手机

下载安装好 DJI Mimo App 后，需要拍摄者先进行登录并将手机和大疆 OM 4 SE 手持稳定器连接起来才可以进行后续的操作。下面为大家介绍 DJI Mimo App 登录界面及连接手机的操作方法。

▶▶ STEP01 打开 DJI Mimo App，直接进入"用户协议"界面，在阅读相应内容之后，点击"同意"按钮，如图 1-10 所示。

▶▶ STEP02 执行操作后，进入"产品改进计划"界面，点击"暂不考虑"按钮，如图 1-11 所示，关闭该界面。

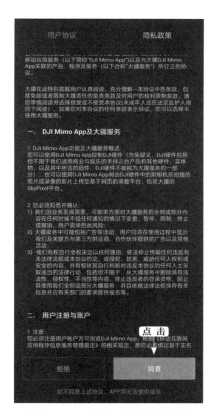

图 1-10 点击"同意"按钮　　　图 1-11 点击"暂不考虑"按钮

▶▶ STEP03 执行操作后，弹出"正在加载资源文件，请稍候…"的提示，如图 1-12 所示，耐心等待几秒即可。

▶▶ STEP04 资源文件加载成功之后，弹出访问存储的提示对话框，点击"确认"

按钮，如图 1-13 所示。

图 1-12　弹出相应的提示

图 1-13　点击"确认"按钮（1）

▶▶ STEP05 执行操作后，弹出访问地理位置的提示对话框，点击"确认"按钮，如图 1-14 所示。

▶▶ STEP06 执行操作后，进入 DJI Mimo App 首页，点击"设备"按钮，如图 1-15 所示。与此同时，要确认大疆 OM 4 SE 手持稳定器已经开启，并靠近手机。

▶▶ STEP07 进入"设备连接"界面，如图 1-16 所示。

▶▶ STEP08 大疆 OM 4 SE 手持稳定器和手机连接成功后，便进入"视频"拍摄界面，如图 1-17 所示。

图 1-14 点击"确认"按钮（2）

图 1-15 点击"设备"按钮

图 1-16 "设备连接"界面

图 1-17 "视频"拍摄界面

1.2.4　认识拍摄界面

安装好 DJI Mimo App，将稳定器与手机连接成功之后就可以进行拍摄了。下面带大家来认识一下拍摄界面中各个按钮及其对应的功能。

图 1-18 所示为连接稳定器后的拍摄界面，点击⌂按钮，即可退出拍摄界面。

图 1-18　连接稳定器后的拍摄界面

点击⬚按钮，即可在弹出的面板中设置视频分辨率，拍摄者可以根据需要设置相应的分辨率，如图 1-19 所示。

图 1-19　设置视频分辨率

点击⬚按钮，可以设置美颜效果，其中有"一键美颜""瘦脸""磨皮""美白""大眼""光照"和"红润"七个美颜的选项，如图 1-20 所示，拍摄者可以根据自己的具体需求进行选择。

点击⬚按钮，在弹出的选项卡中，有"视频"、"云台"和"通用"设置面板。图 1-21 所示为"视频"设置面板，可以在该面板中开启或关闭闪光灯、调节白平衡、设置网格线，以及开启"自拍跟随"或"自拍镜像"。

图 1-20　美颜设置界面

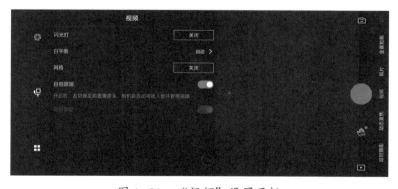

图 1-21　"视频"设置面板

　　点击[图标]按钮，切换至"云台"设置面板，如图 1-22 所示。拍摄者可以在该面板中对云台模式、跟随速度、变焦速度等功能进行设置。

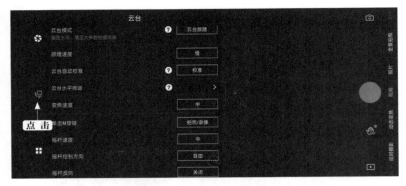

图 1-22　"云台"设置面板

点击■按钮，即可切换至"通用"设置面板，如图 1-23 所示。在这里可以查看关于设备的一些信息，还提供了"新手教学"帮助拍摄者熟悉设备。

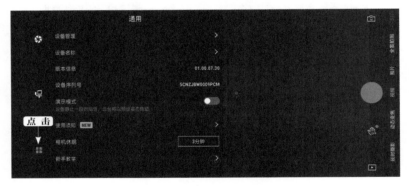

图 1-23　"通用"设置面板

在拍摄界面中，■按钮为"手势控制"，点击该按钮，便会弹出"手势控制"开关，如图 1-24 所示。

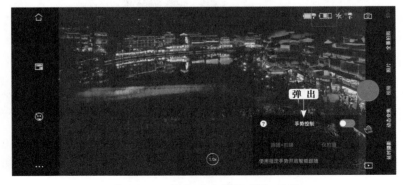

图 1-24　弹出"手势控制"开关

打开"手势控制"选项，可以通过设置"剪刀手"或者"手掌"手势来触发智能跟随，如图 1-25 所示。

图 1-25　通过设置相应的手势触发智能跟随

面向摄像头，做出"剪刀手"或"手掌"的手势停留 1 ～ 2 秒，后置摄像头会匹配和触发手形距离最近的头肩进行跟随，前置摄像头则会匹配和触发手形距离最近的人脸进行跟随。

专家提醒

头肩跟随和人脸跟随的区别：头肩跟随可以 360 度旋转跟随，人脸跟随不支持 360 度旋转跟随；有效识别距离不同，人脸跟随的有效识别距离为 0.5～2 米，头肩跟随的有效识别距离为 0.5～4 米。

1.2.5　认识拍摄模式

使用大疆 OM 4 SE 手持稳定器进行拍摄时，拍摄者有六种拍摄模式可以选择，分别是"视频""照片""运动延时""延时摄影""动态变焦""全景拍照"模式。除此之外，还有一个 STORY 选项，其中提供了很多视频拍摄的模板及教学视频供拍摄者参考。

图 1-26 所示为拍摄模式选择区域，拍摄者可以根据需要左右滑动选择相应的拍摄模式。

图 1-26　拍摄模式选择区

各拍照模式的具体介绍如下。

（1）"视频"和"拍照"模式：在这两个模式状态下，拍摄者可以上、下、左、右推动摇杆，调整拍摄取景内容和角度，点击拍摄按钮开始拍摄或者结束拍摄。

（2）"全景拍照"模式：在该模式下，拍摄者只需要安装好三角底座，将稳定器放在一个平面上，点击拍摄按钮，云台就会自动多角度旋转，进行全景拍摄。在拍摄过程中会弹出"全景拍摄中，请保持云台静止"的提示，拍摄完成后会出现"全景图拼接中"的提示，如图 1-27 所示。

（3）"动态变焦"模式：在该模式下会弹出一个选项面板，可以选择"背景靠近"或者"背景远离"的拍摄效果，如图 1-28 所示。

（4）"运动延时"模式：是指支持手机在移动状态下拍摄延时影片。图 1-29 所示为"运动延时"模式下拍摄的湖中的鸳鸯。

图 1-27　"全景拍照"界面　　　　　图 1-28　选择拍摄效果

图 1-29　"运动延时"模式下拍摄的湖中的鸳鸯

（5）"延时摄影"模式：有静态延时和轨迹延时两种。使用静态延时时，点击屏幕上方的 ⊙ 0.5s 00:01:00>00:00:04 ▼ 按钮，即可在弹出的面板中设置拍摄时长和间隔，如图 1-30 所示，最后点击拍摄按钮即可。

轨迹延时分为"从左到右"、"从右到左"和"自定义轨迹"三种。在"自定义轨迹"模式下，除了设置拍摄时长和间隔时间外，还可以最多设置四个云台位置，如图 1-31 所示，使手机按照选中位置点的先后顺序来进行拍摄。

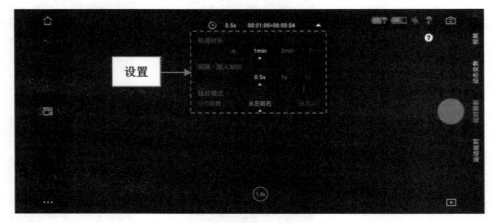

图 1-30　设置拍摄时长和间隔

图 1-31　"自定义轨迹"模式设置

1.2.6　了解云台模式

大疆 OM 4 SE 手持稳定器有四种云台模式，分别是云台跟随模式、俯仰锁定模式、FPV 模式（First Person View，第一人称主视角）和旋转拍摄模式四种模式。

拍摄者可以在"云台"设置面板中根据拍摄需求设置相应的云台模式，如图 1-32 所示。

图 1-32　四种云台模式

下面为大家来具体介绍这四种云台模式。

（1）云台跟随模式：在该模式下，手机的画面会跟随着手柄在水平方向和俯仰方向一起运动，如图 1-33 所示。云台跟随模式适合用来拍摄推拉运镜和跟随运镜的画面。

图 1-33　云台跟随模式下手机画面的运动方向

（2）俯仰锁定模式：在该模式下，手机画面只在水平方向跟随手柄运动，在俯仰方向和旋转时画面会保持水平，如图 1-34 所示。俯仰锁定模式适合拍摄在水平方向或者环绕方向运动的画面。

图 1-34　俯仰锁定模式下手机画面的运动方向

（3）FPV 模式：在该模式下，手机画面在各个方向上都会跟随手柄的运动而运动，如图 1-35 所示，适合拍摄升降和斜向运动、低机位悬挂模拟 FPV 画面。

图 1-35　FPV 模式下手机画面的运动方向

（4）旋转拍摄模式：在该模式下，可以通过向上、向下、向左或者向右推动摇杆，控制手机的画面旋转，如图 1-36 所示，旋转模式适合在拍摄旋转镜头和俯拍镜头时使用。

图 1-36　旋转拍摄模式下手机画面的运动方向

第 **2** 章

用什么指导拍摄？脚本创作

　　第 1 章已经带大家认识了运镜拍摄的设备，但短视频究竟要怎样来拍摄，是靠什么来指导拍摄呢？这就需要来学习一些关于脚本的知识了。短视频脚本的作用与影视剧的剧本类似，可以确定故事方向，提高拍摄的效率和质量，还可以指导后期剪辑。本章将从短视频脚本的概念、脚本的写法、镜头的专业术语和如何写出优质的短视频脚本四个层面切入，为大家讲解如何创作脚本。

2.1 了解短视频脚本

脚本是整个短视频内容的大纲，是短视频拍摄的主要依据，是处理运镜拍摄的核心之一。短视频的脚本就相当于电影、电视剧的剧本，对于前期拍摄和后期剪辑都起着至关重要的统领作用。因此，拍摄者学习运镜拍摄之前势必要先学习脚本的相关内容。本节将带领大家认识短视频脚本，了解脚本的构成和作用。

2.1.1 何为短视频脚本

短视频脚本是短视频拍摄的主要依据，能够提前统筹安排好短视频拍摄过程中的所有事项，比如什么时候拍、用什么设备拍、拍什么场景、拍谁及怎么拍等。

通常情况下，短视频脚本分为分镜头脚本、拍摄提纲和文学脚本三种类型，如图 2-1 所示。

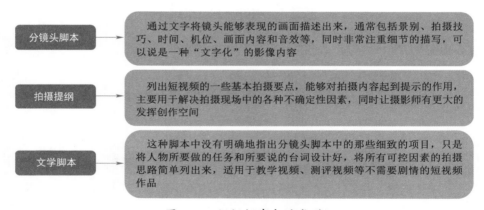

图 2-1 短视频脚本的类型

分镜头脚本适用于剧情类的短视频内容，拍摄提纲适用于访谈类或资讯类的短视频内容，文学脚本则适用于没有剧情的短视频内容。

2.1.2 短视频脚本的构成

拍摄者需要在短视频脚本中认真设计好需要拍摄的每一个镜头，才能让拍摄工作更顺利地进行。下面主要从六个基本要素来介绍短视频脚本的构成，为大家策划脚本奠定理论基础，如图 2-2 所示。

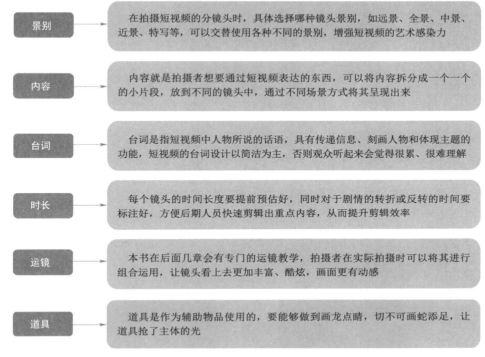

景别	在拍摄短视频的分镜头时，具体选择哪种镜头景别，如远景、全景、中景、近景、特写等，可以交替使用各种不同的景别，增强短视频的艺术感染力
内容	内容就是拍摄者想要通过短视频表达的东西，可以将内容拆分成一个一个的小片段，放到不同的镜头中，通过不同场景方式将其呈现出来
台词	台词是指短视频中人物所说的话语，具有传递信息、刻画人物和体现主题的功能，短视频的台词设计以简洁为主，否则观众听起来会觉得很累、很难理解
时长	每个镜头的时间长度要提前预估好，同时对于剧情的转折或反转的时间要标注好，方便后期人员快速剪辑出重点内容，从而提升剪辑效率
运镜	本书在后面几章会有专门的运镜教学，拍摄者在实际拍摄时可以将其进行组合运用，让镜头看上去更加丰富、酷炫，画面更有动感
道具	道具是作为辅助物品使用的，要能够做到画龙点睛，切不可画蛇添足，让道具抢了主体的光

图 2-2　短视频脚本的构成

2.1.3　短视频脚本的作用

脚本对于短视频拍摄来说十分重要，无论所拍摄的视频是长是短，都需要有脚本。具体而言，脚本在短视频的拍摄中发挥着以下几个作用。

1.　确定拍摄方向

脚本为视频拍摄提供了一个框架和云图，影响着故事的发展方向。当剧本确定好情节、人物、地点、道具和结局之后，故事就能有条理地展开，无论是拍摄还是剪辑，都能不"迷路"，确保故事的完整性。

2.　提高拍摄效率

有了脚本，就像写文章有了目录大纲，建房子有了设计图纸和框架，相关人员可以根据脚本来一步步地完成镜头的拍摄，提高拍摄效率。如果没有拍摄脚本，拍摄者可能会在拍摄现场迷失很久，要探索一段时间，拍摄出来的素材也有可能不是理想的素材，甚至会缺失素材，后面又需要再次到现场补录，这样就会非常浪费人力、时间，甚至金钱。

3. 提升拍摄质量

在脚本中可以对画面进行精细地打磨，如景别的选取、场景的布置、服装的准备、台词的设计及人物表情的刻画等，同时加上后期剪辑的配合，能够呈现出更完美的视频画面效果。

4. 指导后期剪辑

在剪辑时也离不开脚本，脚本可以指导剪辑的剧情安排。图 2-3 所示为一个古风旅拍视频的分镜头脚本和视频画面。可以看出每段视频画面都对应着相应的脚本内容，说明剪辑师在剪辑这段视频时，主要依据脚本故事进行后期创作。所以，脚本也发挥着指导后期剪辑的作用。

图 2-3　古风旅拍视频的分镜头脚本和视频画面

2.2 掌握短视频脚本的写法

在对短视频脚本有了一个基本的认识之后，接下来就需要学习和掌握脚本的写法。本节将分别介绍分镜头脚本、拍摄提纲和文学脚本的撰写方法，供大家学习参考。

2.2.1　分镜头脚本的写法

每个分镜头画面对于短视频来说都是十分重要的，所以，对分镜头的质量要求很高，但在编写分镜头脚本时，则要遵循化繁为简的形式规则，同时要确保内容的丰富度和完整性。图 2-4 所示为分镜头脚本的基本编写流程，以帮助大家顺畅地写出脚本。

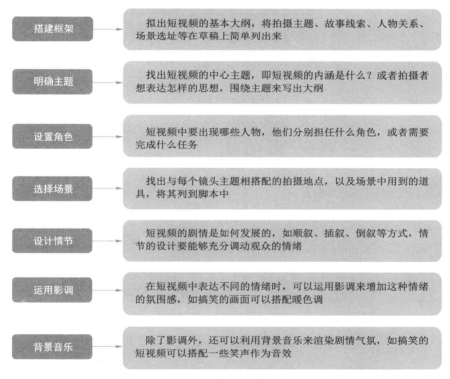

图 2-4　分镜头脚本的基本编写流程

以生活记录类短视频的脚本为例，分享一个《江边漫步》的视频脚本模板，见表 2-1。大家可以仿照这类脚本，尝试从自己的生活中寻找素材来写作脚本。

表 2-1　生活记录类短视频脚本模板

镜　号	景　别	运　镜	画　面	时　长
1	中景	上升后拉镜头	人物站立看风景	6s
2	全景	下降跟随镜头	人物背对镜头直线向前行走	6s
3	中近景	背面跟拍＋摇摄＋正面跟拍镜头	人物直线向前行走	11s
4	中近景	仰拍侧面跟随镜头	人物从右往左行走观赏风景	8s
5	全景	旋转回正后拉镜头	人物靠在围栏上看前面的风景	7s
6	中近景	低角度上升跟随镜头	人物向前行走观赏风景	8s
7	全景	左摇镜头	江边的风景	8s
8	中近景	下降环绕镜头	人物站立观赏风景	7s
9	全景	跟摇环绕镜头	人物向前走近观赏江边的风景	10s
10	全景	跟随上升镜头	人物在江边漫步	19s
11	全景	下摇＋过肩后拉	人物停在江边眺望远方	8s

2.2.2　拍摄提纲的写法

拍摄提纲与分镜头脚本有很大的区别，分镜头脚本中的镜头描述都是非常详尽和细致的，而拍摄提纲则是主要写概要，也就是大致内容，一般用关键字词进行描述即可，比如描述场景编号、内容、发生时间、地点及主要人物等内容。图 2-5 所示为拍摄提纲的撰写要素。

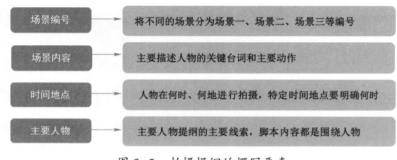

场景编号	将不同的场景分为场景一、场景二、场景三等编号
场景内容	主要描述人物的关键台词和主要动作
时间地点	人物在何时、何地进行拍摄，特定时间地点要明确何时
主要人物	主要人物提纲的主要线索，脚本内容都是围绕人物

图 2-5　拍摄提纲的撰写要素

如果拍摄者想要更加完美的视频效果，可以在音乐和音效上进行发挥，为视频选择合适的乐曲，从而起到锦上添花的作用。下面是一个摄影指导课程视频的拍摄提纲模板。

场景一：男生开场引出问题

男生从画外走进画面中，问摄影师：我想在大海边上为我女朋友拍出唯美的照片，但是我不知道该怎么拍。

摄影师听完对着镜头说：不会拍的男孩子、女孩子都来认真听了。

场景二：人物站立拍照教程

一个女生站在海边，摄影师对着镜头指导说：首先女生的裙子一定要飞扬起来，怎么飞扬呢？跑起来，或者迎着海风，双手自然往后靠，这样就很唯美了。女生跟着摄影师的指导摆动作，然后摄影师拍照。

场景三：人物玩水拍照教程

女生在海浪中奔跑并且比耶歪头笑，摄影师解释：这样拍就太像游客照了，要拍特写才好看。

女生捧起海水，然后摄影师对着女生的侧脸进行拍照；女生扬起水花，摄影师在人物前面，慢动作抓拍。

场景四：海滩插花教程

女生在海滩上插上几朵玫瑰花，摄影师解释说：以花为前景，海为背景，不管是站着，还是躺在海滩上，随意扶花，都能拍出绝美照片。

场景五：全景抓拍教程

女生在海滩上走，摄影师解释说：在夕阳下全景逆光抓拍，随手拍都很唯美。

2.2.3　文学脚本

文学脚本也是各种小说、故事改版以后，方便以镜头语言来完成的一种台本方式。如电影剧本、电影文学剧本及广告脚本等。文学脚本比镜头脚本更加有文学色彩一些，比较注重语言的修辞和文采，虽然也具有可拍性，但是主要看拍摄者对脚本的把握，因此，有些内容不一定会按照脚本原模原样地拍摄出来。

文学脚本也会描述故事发生的时间和地点，但是一般以情节推动的方式表现，不会特意指出来。某些镜头语言上的"推、拉、移"，在文学脚本上则会借助艺术形象的动作或者运动来表达。

下面以电影《一个都不能少》的文学脚本节选为例为大家讲解。

山风轻轻吹着。操场旗杆顶上的旗子发出哗啦啦的响声。学生们集合在旗杆底下举行降旗仪式。操场上响起了嘹亮的国歌声。学生们唱得很认真，很用劲，歌声像一群鸽子，越过山巅，飞上蓝天，钻进了云层。国旗在歌声中慢慢降落。

降旗仪式一结束，王校长手里捧着红旗，走到队伍前面，习惯性地抬头看看天，这时的太阳正在山头上晃悠。他看看学生说趁太阳没钻山，赶紧回家。王小芳、王彩霞，你们俩今天也回，来时不要忘了背粮，再带点辣子面来。学生认真地听王校长讲话。这时王校长看见村长和一个年轻姑娘不知什么时候站在队伍后面。挥挥手让学生解散。学生四下散了，好奇地看着村长和那个姑娘。

从文学脚本范例中可以看出，文学脚本和小说很类似，不过场景和人物都描写得很直接，观众可以在脑海中想象出当时的场景。

(2.3) 短视频的镜头表述语言

短视频和影视剧一样也是有专业镜头表述语言的，这也是拍摄者所需要掌握的一个知识点。在写作脚本时多利用专业术语，不仅可以让脚本创作更加具有专业性，也可以帮助你拍出更有高级感的视频，还可以帮助拍摄者养成一定的脚本创作思维。这些也是短视频行业中的高级玩家和专业玩家必须要掌握的知识。

本节将讲解一些专业的镜头术语，帮助大家更好地进行脚本创作。

2.3.1 专业的镜头术语

对于普通的短视频创作者来说，通常都是凭感觉拍摄和制作短视频作品，这样显然是事倍功半的。要知道，很多专业的短视频机构，其制作一条短视频通常只有很短的时间，往往其是通过镜头语言来提升效率的。所以，想要提升视频拍摄的质量与效率，镜头语言的学习是必不可少的。

镜头语言也称为镜头术语，常用的短视频镜头术语除了画框、构图、景别等之外，还有运镜、用光、转场、时长、关键帧、定格、闪回等，这些也是短视频脚本中的重点元素，具体介绍如图 2-6 所示。

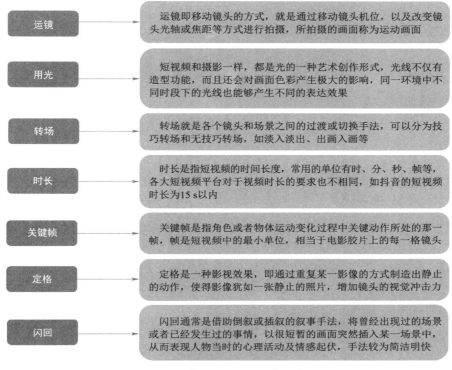

运镜	运镜即移动镜头的方式，就是通过移动镜头机位，以及改变镜头光轴或焦距等方式进行拍摄，所拍摄的画面称为运动画面
用光	短视频和摄影一样，都是光的一种艺术创作形式，光线不仅有造型功能，而且还会对画面色彩产生极大的影响，同一环境中不同时段下的光线也能够产生不同的表达效果
转场	转场就是各个镜头和场景之间的过渡或切换手法，可以分为技巧转场和无技巧转场，如淡入淡出、出画入画等
时长	时长是指短视频的时间长度，常用的单位有时、分、秒、帧等，各大短视频平台对于视频时长的要求也不相同，如抖音的短视频时长为 15 s 以内
关键帧	关键帧是指角色或者物体运动变化过程中关键动作所处的那一帧，帧是短视频中的最小单位，相当于电影胶片上的每一格镜头
定格	定格是一种影视效果，即通过重复某一影像的方式制造出静止的动作，使得影像犹如一张静止的照片，增加镜头的视觉冲击力
闪回	闪回通常是借助倒叙或插叙的叙事手法，将曾经出现过的场景或者已经发生过的事情，以很短暂的画面突然插入某一场景中，从而表现人物当时的心理活动及情感起伏，手法较为简洁明快

图 2-6　常用的短视频镜头术语

2.3.2　镜头术语之转场

无技巧转场是通过一种十分自然的镜头过渡方式来连接两个场景的，整个过渡过程看上去非常合乎情理，能够起到承上启下的作用。当然，无技巧转场并非完全没有技巧，它是利用人的视觉转换来安排镜头的切换，因此，需要找到合理的转换因素和适当的造型因素。

例如，空镜头（又称"景物镜头"）转场是指画面中只有景物、没有人物的镜头，具有非常明显的间隔效果，不仅可以渲染气氛、抒发感情、推进故事情节和刻画人物的心理状态，而且还能够交代时间、地点和季节的变化等。图 2-7 所示为一段用于描述环境的空镜头。

图 2-7　用于描述环境的空镜头

除空镜头转场外，常用的无技巧转场方式还有两极镜头转场、同景别转场、特写转场、声音转场、封挡镜头转场、相似体转场、地点转场、运动镜头转场、同一主体转场、主观镜头转场、逻辑因素转场等。

技巧转场是指通过后期剪辑软件在两个片段中间添加转场特效来实现场景的转换。常用的技巧转场方式有淡入淡出、缓淡－减慢、闪白－加快、划像（二维动画）、翻转（三维动画）、叠化、遮罩、幻灯片、特效、运镜、模糊、多画屏分割等。

以下示例为经过后期剪辑处理制作的"抽象前景"和"雾化"转场效果，能够让视频画面通过被遮罩和变模糊的方式，自然切换到下一段视频，如图 2-8 和图 2-9 所示。

图 2-8　"抽象前景"转场效果

图 2-9 "雾化"转场效果

2.3.3 镜头术语之多机位拍摄

多机位拍摄是指使用多个拍摄设备，从不同的角度和方位拍摄同一场景，适合用于规模宏大或者角色较多的拍摄场景，如访谈类、杂志类、演示类、谈话类及综艺类等短视频类型。图 2-10 所示为一种谈话类视频的多机位设置图。

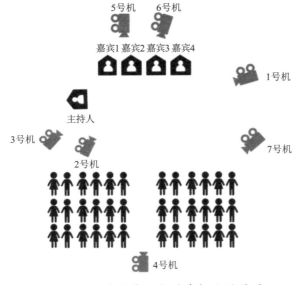

图 2-10 谈话类视频的多机位设置图

从图 2-10 中可以看出，该谈话类视频共安排了七台拍摄设备：1、2、3 号机用于拍摄主体人物，其中 1 号机（带有提词器设备）重点用于拍摄主持人；4 号机安排在后排观众的背面，用于拍全景、中景或中近景；5 号机和 6 号机安排在嘉宾的背面，需要用摇臂将其架高一些，用于拍摄观众的反应镜头；7 号机则专门用于拍摄观众。

多机位拍摄可以通过各种景别镜头的切换，让视频画面更加生动、更有看点。另外，如果某个机位的画面有失误或瑕疵，也可以用其他机位的画面来弥补。通过不同的机位来回切换镜头，可以让观众不容易产生视觉疲劳，并保持更久的关注度。

2.3.4 镜头术语之"起幅"与"落幅"

"起幅"与"落幅"是拍摄运动镜头时非常重要的两个术语，在后期制作中可以发挥很大的作用，相关介绍如图 2-11 所示。

"起幅"与"落幅"的固定画面可以用来强调短视频中要重点表达的对象或主题，而且还可以单独作为固定镜头使用。

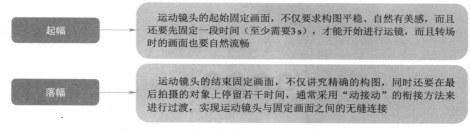

图 2-11 "起幅"与"落幅"的相关介绍

2.4 如何写出优质的脚本

何为优质的脚本？一般来说，能够顺利指导实际拍摄的就是比较好的脚本，而在指导拍摄的同时又能够让视频呈现出较好效果的脚本，可以被称为优质脚本。若是拍摄短视频，可以以视频在相应平台上的播放量、点赞数等数据来作为衡量脚本的指标。由此来看，短视频数据的好坏与短视频脚本的质量有着直接的关联。

那么，如何撰写出优质的脚本呢？本节将介绍几种方法，供大家参考。

2.4.1　确定自己的风格

风格无关好坏，与拍摄者自己的个人特性有关。这里所指的确定自己的风格包括多层含义，具体如下。

1. 确定视频风格

拍摄者要确定自己想要拍摄的视频风格类型，如记录日常、揭露社会现象、影视翻拍等，只有确定了视频风格，才能更好地构思视频需要怎么拍摄。

2. 预设想要的视频效果

拍摄者需要构想一下要拍出什么样的视频效果，这其中包括拍摄者想要通过视频传达什么、想要呈现什么样的视频画面及视频能否获得观众的喜欢等。拍摄者对视频效果有一个大概的预想之后，就能对视频的拍摄和剪辑有更准确地把握。

3. 拍摄者个性与视频融合度

拍摄者自身的个性与视频的融合程度也是一个很重要的因素，具体指拍摄者的性格特征、爱好等是否与自己所要拍摄的视频风格相一致，或是部分一致。通常情况下，若是两者融合度较高，则会使拍摄者长久且持续性地拍摄短视频，这一点对于短视频的创作来说是相当重要的。

总而言之，风格是在拍摄短视频之前需要首先明确的一个要素，确定好风格之后，才能顺畅地按照撰写流程来撰写视频脚本。

例如，拍摄者是深度美食爱好者，平时喜欢发现尝试各种美食，那么，拍摄者则可以考虑将美食推荐或者美食制作作为自己拍摄视频的主题，用来撰写短视频的脚本。图 2-12 所示为以分享美食和美食测评为主题的短视频账号，该账号所发布的视频主要是围绕某一类美食，或是测评网红美食店的食品，进而分享给观众。

图 2-12　以分享美食和美食测评为主题的短视频账号

2.4.2　设置转折与冲突

虽说短视频脚本是由一个一个的分镜头脚本拼凑而成的，但也并非是零散的、不完整的，它也如同剧本、小说一样，有开端、高潮和结局的部分，因此，设置转折与冲突更能够吸引观众。

在策划短视频的脚本时，拍摄者可以设计一些反差感强烈的转折场景，通过这种高低落差的安排，能够形成十分明显的对比效果，为短视频带来新意。

短视频中的冲突和转折能够让观众产生惊喜感，同时对剧情的印象更加深刻，刺激他们去点赞和转发。下面分享一些在短视频中设置转折与冲突的相关技巧，如图 2-13 所示。

例如，《重游西湖》这个视频中脚本最初的设计是人物坐在长椅上睡着了，然后梦到自己来到了西湖公园，在视频快要结束时，设计反转，人物本就身处公园中，虚景与实景相结合，从而揭示出拍摄者向往闲适、宁和的生活的主题。
图 2-14 所示为《重游西湖》视频画面。

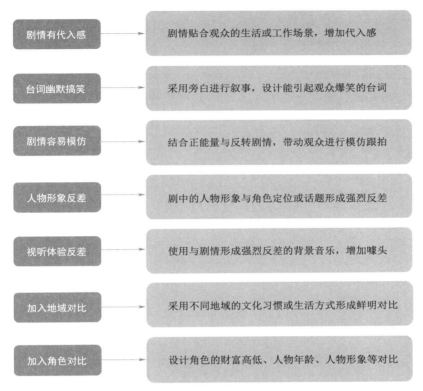

剧情有代入感	→	剧情贴合观众的生活或工作场景，增加代入感
台词幽默搞笑	→	采用旁白进行叙事，设计能引起观众爆笑的台词
剧情容易模仿	→	结合正能量与反转剧情，带动观众进行模仿跟拍
人物形象反差	→	剧中的人物形象与角色定位或话题形成强烈反差
视听体验反差	→	使用与剧情形成强烈反差的背景音乐，增加噱头
加入地域对比	→	采用不同地域的文化习惯或生活方式形成鲜明对比
加入角色对比	→	设计角色的财富高低、人物年龄、人物形象等对比

图 2-13　在短视频中设置转折与冲突的相关技巧

图 2-14　《重游西湖》视频画面

　　撰写短视频脚本的灵感来源，除了靠自身的创意想法外，拍摄者也可以多
收集一些热梗，这些热梗通常自带流量和话题属性，能够吸引大量观众的点赞。
例如，抖音上的热搜排行榜带有一些热点事件和话题，还有热门的音乐榜和电影
榜，如图 2-15 所示，可以从中选择感兴趣的话题撰写脚本。

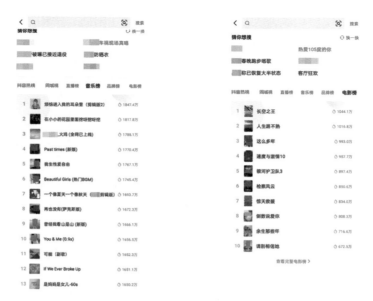

图 2-15　抖音上的音乐榜和电影榜

2.4.3　注重画面的美感

短视频的拍摄和摄影类似，都非常注重审美，审美决定了你的作品高度。如今，随着各种智能手机的摄影功能越来越强大，进一步降低了短视频的拍摄门槛，不管是谁，只要拿起手机就能拍摄短视频。

另外，各种剪辑软件也越来越智能化，不管拍摄的画面有多粗制滥造，经过后期剪辑处理，都能变得很好看，就像抖音上神奇的"化妆术"一样。例如，剪映 App 中的"一键成片"功能，就内置了很多模板和效果，拍摄者只需要导入拍好的视频或照片素材，即可轻松做出同款短视频效果，如图 2-16 所示。

也就是说，短视频的技术门槛已经越来越低了，普通人也可以轻松创作和发布短视频作品。但是，每个人的审美观是不一样的，短视频的艺术审美和强烈的画面感都是加分项，能够增强视频的竞争力。

而在拍摄的过程中，拍摄者不仅需要保证视频画面的稳定和清晰度，而且还需要突出拍摄主体，可以多组合各种景别、构图、运镜方式，以及结合快镜头和慢镜头，增强视频画面的运动感、层次感和表现力。总之，要形成好的审美观，需要拍摄者多思考、多琢磨、多模仿、多学习、多总结、多尝试、多实践。

图 2-16　剪映 App 中的"一键成片"功能

2.4.4　模仿优质的脚本

先哲有云："三人行，必有我师焉""见贤思齐焉"，意在教诲我们要虚心向人学习，撰写优质的脚本也是这样。拍摄者在遇到与自己风格相似或是自己喜欢的短视频作品时，可以多收藏、研习，学习其脚本的设计，并且总结经验运用到自己的视频脚本之中。

翻拍与改编一些经典的影视作品也不失为一种好的方式。在豆瓣 App 上可以找到各类影片排行榜，图 2-17 所示为豆瓣 App 上的电影和电视剧排行榜，拍摄者可以将排名靠前的影片都列出来，然后去其中搜寻经典的片段，包括某个画面、道具、台词、人物造型等内容，都可以将其用到自己的短视频中。

图 2-17　豆瓣 App 上的电影和电视剧排行榜

2.4.5 优质脚本的条件

策划脚本相对于拍摄视频和剪辑视频来说是更有难度的，因为脚本对于创意要求极高。但是，如果拍摄者想要视频快速上热门获得更多的点赞与关注，可以遵循以下撰写优质脚本的几个条件，作为评估脚本的指标，降低一些撰写脚本的难度，如图2-18所示。

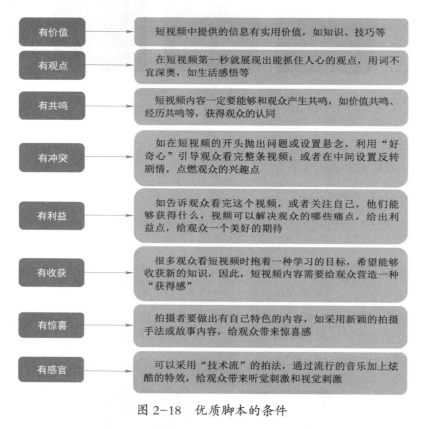

图2-18　优质脚本的条件

第 **3** 章

用什么方法拍摄？运镜技巧

　　在前面的章节中为大家介绍了运镜拍摄的辅助设备，但在拍摄视频时，除了需要使用设备进行辅助之外，运镜姿势和运镜步伐也是要掌握一定方法和技巧的。所以，拍摄者有必要掌握一定的运镜技巧，打好基础，让你在实战拍摄中可以拍出理想的画面。本章将为大家讲解运镜姿势、运镜步伐和运镜拍摄的一些小技巧。

3.1 运镜姿势

在运镜拍摄时，运镜姿势是非常重要的。对于一些简单、基础的运镜方式，可以直接手持手机运镜；而对于大范围的移动拍摄，则需要使用手持稳定器进行拍摄。拍摄者在运镜操作时要能够将自己当成专业的运镜师，带着一定的信念感，这样可以更好地进行运镜操作。

扫码看视频

3.1.1 手持手机时的运镜姿势

图 3-1 所示为手持手机时的运镜姿势视频教学画面。本次教学视频需要的设备只有一台手机，然后找好合适的拍摄主体，比如人物或者风景，就可以开始练习手持手机运镜拍摄了。

图 3-1 手持手机时的运镜姿势视频教学画面

手持手机拍摄固定方位的画面比较简单，而在手持手机进行运镜拍摄时，就需要一定的技巧了，四个关键要点如图 3-2 所示。

（1）双手握住手机：为了画面的稳定，一定要双手握住手机的两端，这样在拍摄时才能保持平稳。为了观看效果，默认拍摄的画面比例一般是横屏 16 : 9。

（2）移动手机时保持水平：在运镜拍摄时，手机移动的时候不能一高一低，需要尽量保持手机的两端处于同一水平线上。

（3）移动拍摄时尽量用手臂力量带动手机：用手腕发力的时候，可能会有轻微抖动。在举着手机运镜时，尽量用手臂的力量带动手机的移动，这样才能稳定画面。

图 3-2　四个关键要点

（4）重心向下，尽量慢速移动：这里的重心指的是人体的重心，重心低一点，人在移动的时候也能稳一些。慢速移动的好处是，画面在后期变速处理的时候能有更多的操作空间。

扫码看视频

3.1.2　手持稳定器时的运镜姿势

图 3-3 所示为手持稳定器时的运镜姿势视频教学画面。本次教学视频需要的设备是一部手机和一台稳定器，在拍摄之前，需要把手机装载在稳定器上面，并连接好。

图 3-3　手持稳定器时的运镜姿势视频教学画面

在用稳定器拍摄之前，需要打开手机蓝牙和下载好手机稳定器支持的拍摄App。大疆 OM 4 SE 手机稳定器需要在手机应用商店下载好 DJI Mimo App。具体的操作方法已在第 1 章中进行过讲解，这里不再赘述。

长按开机键就可以开机，连续点击开机键两次就可以切换屏幕的方向，如图 3-4 所示。

图 3-4　开机和切换屏幕方向的方式

手持稳定器不同于手持手机，稳定器和手机相加是有一定重量的，运镜师在前行或者后退时，更加需要注重运镜姿势了，关键要点如图 3-5 所示。

图 3-5　四个关键要点

（1）双手握住稳定器手柄：在一般情况下，需要双手握住稳定器手柄，这样才能保持足够的平衡。如果稳定器足够轻或者运镜师本身的臂力够强，也可以只用单手操作。

（2）双臂贴合身体两侧：这样做的好处是，当运镜师进行移动的时候，由于手臂是贴合身体的，所以是用身体带动手臂的移动，画面就会比较稳一些；如果运镜师在移动的时候，手臂乱动，就会影响画面的稳定。当然，部分镜头不需要双臂贴合，因为需要手臂来运镜，所以，运镜师在拍摄过程中要能更加灵活应变。

（3）在前进时，脚后跟先着地：脚后跟先着地是比较正确的走路姿势，这样人体的重心是比较平衡的，所以，画面也能相对稳定一些。

（4）后退时，脚掌先着地：跟人体走路的原理一样，在后退拍摄时，需要脚掌先着地才能保持平衡。

专家提醒

　　把手机安装在稳定器上面的时候，要保持屏幕处于水平线上，不要倾斜，这样就能避免拍出的画面是歪的，减少后期处理工作。

3.2 运镜步伐

对于移动范围较小的运镜步伐，只需要一个跨步就可以实现运镜拍摄；而对于需要跟随运动，或者大范围走动的运镜步伐，那么就需要保持足够的平衡和稳定来进行拍摄了，本节将对运镜步伐进行详细介绍。

3.2.1　移动范围较小的步伐

扫码看视频

图 3-6 所示为移动范围较小步伐拍摄的视频教学画面。本次教学视频主要是手持手机拍摄，只需找好拍摄主体，比如人物或者风景，就可以练习拍摄了。

本次教学主要以推镜头为主，有运镜幅度较小的步伐教学，也有运镜幅度较大的步伐教学，教学视频画面如图 3-7 所示。

图 3-6　移动范围较小步伐拍摄的视频教学画面

图 3-7　教学视频画面

　　首先讲解运镜幅度较小的步伐。运镜师在这种情况下，可以手持拍摄。找到拍摄主体之后，镜头对准主体，运镜师只需跨一小步就可以了。

　　然后对着拍摄主体，运镜师慢慢从后向前推。在推近的过程中，主要重心在腿部，由腿部力量带动身体和手机的移动，这样能保持画面的稳定。

　　如果想要运镜幅度大一些，步伐就可以跨大一点儿，继续让重心保持在腿部，用腿部力量带动身体的移动。

　　运镜师在开始运镜时，身体可以稍微往后仰一些，这样就能让镜头中拍摄的画面多一些。当然，在后仰的时候，也要保持身体的平衡。

　　在由后往前推的过程中，也需要保持匀速的推动，然后在推近的过程中，镜头画面慢慢聚焦于拍摄的主体。

扫码看视频

3.2.2　跟随运动拍摄的步伐

图 3-8 所示为跟随运动步伐拍摄的视频教学画面。本次教学视频主要是讲解手持稳定器拍摄，运镜师需要跟随拍摄运动中的人物，对于拍摄新手来说，是具有一些难度的。

图 3-8　跟随运动拍摄的步伐视频教学画面

本次教学视频需要一名模特儿，主要是背面跟随镜头，跟随拍摄人物的背面上半身，教学视频画面如图 3-9 所示。

图 3-9　教学视频画面

在跟随拍摄时，运镜师需要与模特儿保持一定的距离。本次拍摄景别主要是中近景，所以，运镜师与模特儿之间的距离适中即可。如果要拍摄人物全景，运镜师就需要离模特儿再远一些。

在跟随的过程中，运镜师放低重心，脚后跟先着地，并跟随模特儿的步伐前进，在前进跟随的过程中保持画面稳定。

拍摄完成后，可以为视频进行调色、添加背景音乐等后期操作，让视频更加精美，成品视频效果展示如图 3-10 所示。

图 3-10　成品视频效果展示

3.3 运镜拍摄的五个小技巧

经过前面的讲解，大家会发现运镜也并不是很难，但想要掌握好运镜，拍摄出高质量的视频也并不容易。运镜过程中有很多的小细节需要拍摄者注意，只有将细节都处理好，才能够确保视频的质量。本节将介绍五个运镜拍摄的小技巧，或者说是注意事项，帮助大家更好地学习运镜。

3.3.1　调平稳定器

拍摄者将手机固定在稳定器上之后，首先就是要调整好稳定器，确保镜头拍摄出来的画面是水平的。由于稳定器会受到一定外力作用的影响，有时候会倾斜，所以，在拍摄前一定要适当调整稳定器，以保证视频画面的水平。

拍摄者可以借助网格线来进行调整。

▶▶ STEP01 在视频拍摄界面，点击███按钮，如图 3-11 所示。

图 3-11　点击相应的按钮

▶▶ STEP02 在"视频"面板的"网格"选项卡中，选择"网格线"选项，如图 3-12 所示，即可打开网格线。

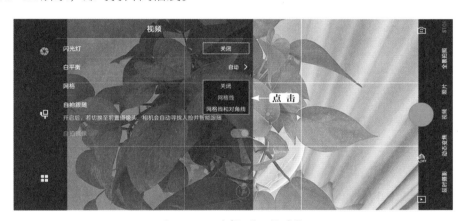

图 3-12　选择"网格线"

由于稳定器在一定程度上会受到手机重量等不可控制的外力影响，所以，稳定器手柄垂直于地面时，并不一定会让视频画面呈现水平，如果不调整，拍摄出来的画面就是倾斜的，如图 3-13 所示。

图 3-13　未调整稳定器拍摄出来的倾斜的画面

拍摄者可以适当调整稳定器，让拍摄的画面呈现水平状态，如图 3-14 所示。

图 3-14　调整稳定器后拍摄出来的水平的画面

3.3.2　脚快身慢手不动

在需要进行大范围运镜，尤其是拍摄环绕镜头的时候，拍摄者应提前规划好运镜步伐，预设好运动轨迹，可以帮助你更顺利地进行拍摄。大部分镜头的拍摄，拍摄者的移动轨迹都是直线，会比较好控制步伐，而拍摄环绕镜头时，拍摄者的移动轨迹是弧线，相较于直线来说，控制步伐的难度会更大。

所以，在这种大范围的运镜过程中，拍摄者可以规划好步伐大小，保持匀速运动。而在移动过程中，最重要的是要能做到"脚快身慢手不动"，这样能更好地保证视频的稳定度和流畅度。

那么，什么是"脚快身慢手不动"呢？

脚快，是指在运镜过程中，拍摄者的脚步或者说下半身可以相对移动得快一点儿，提前迈步，为镜头的移动变化做准备。

身慢，是指在运镜过程中，拍摄者的身体或者说上半身要移动得慢一点儿，可以在脚迈出去、确定好移动轨迹，并且站稳之后，再缓慢地朝迈步方向移动身体。

手不动，是指在运镜过程中，要让握着稳定器的手保持不动，可以让身体带动手臂缓慢地进行整体移动，完成运镜，但小臂到手腕的部分不要活动。如果动了，稳定器和手机就会产生晃动，从而影响视频画面的稳定性。

图 3-15 所示为在运镜过程中保持"脚快身慢手不动"的步骤分解图。

①未移动状态　　②脚先迈步，上半身不动　　③上半身带动手臂缓慢进行整体移动　　④小臂到手腕的部位始终保持不动

图 3-15　"脚快身慢手不动"的步骤分解图

另外，放慢速度且尽量保持匀速运镜，是初学者在学习运镜时要掌握的另一个核心要领，这样拍摄出来的视频才会更加稳定，后期处理的空间也会更大一些。

但要注意的是，放慢速度不等于停顿，慢的同时一定要动，这样才能使视频流畅，即使是短暂的停顿，在视频中也会变得很明显。所以，尽量在拍摄时就拍出高质量的分镜头，这样后期剪辑也会更加顺利。

3.3.3　找一个中心点

不管是拍照还是拍视频，画面中都会有一个中心点，在拍摄运镜视频时，可以找到一个参照物或者确定一个位置，作为画面中心点，并在拍摄过程使画面的中心点不被改变。这样既可以让视频的稳定得到提升，又能提高画面的美观度。

图 3-16 所示为始终以人物头部为画面中心点的视频画面。

图 3-16　始终以人物头部为画面中心点的视频画面

当然，也不是所有视频的画面中心点都不会改变，在遇到需要改变中心点的情况时，拍摄者可以事先确定两个或者多个画面中心点，且在运镜过程中保持匀速移动，就能在改变中心点的同时，保持运镜的稳定。同样，在不需要变换中心点时，就要一直保持中心点不会偏移。

图 3-17 所示为画面中心点发生变化的视频画面，在上升运镜中，画面的中心点会自然而然地发生变化。

图 3-17　画面中心点发生变化的视频画面

3.3.4　适当进行仰拍

仰拍，就是让镜头处在仰视角度下进行拍摄。尤其是在拍摄人物时，适当地调整镜头角度，使镜头微微仰拍，能够让人物看起来更加高大、苗条，人物拍出来会更上镜，使画面更具美感。

图 3-18 所示为适当仰拍的视频画面，图 3-19 所示为平视角度下拍摄的视频画面，通过对比可以感受到人物在仰拍视角下显得更高、更瘦。

图 3-18　仰拍的视频画面

图 3-19　平视角度下拍摄的视频画面

3.3.5　控制距离

控制距离，即要控制好镜头与被摄人物之间的距离。如果距离太近，会放大人物脸部或者其他部位可能存在的一些瑕疵，还可能出现画面无法将人物全面展示出来，导致画面信息不完整。

一般而言，除了拍摄特写之外，使用中景、中近景和全景来拍摄人物是比较好看的，这样的取景在突出人物的同时，也能交代一定的环境信息。此外，保持适当的距离，可以让人物有足够的空间进行运动，镜头在拍摄过程中也能有足够的空间进行一定的调整。

图 3-20 所示为两个镜头与人物距离过近拍摄的视频画面，因为距离太近，

第一个视频画面中,人物的手部动作没有被拍摄到;第二个视频画面中,可以明显看出人物的头发是凌乱的状态,这都会降低视频画面的美观度。

图 3-20 两个镜头与人物距离过近拍摄的视频画面

图 3-21 所示为在中近景下拍摄的视频画面,合适的取景让画面整体变得更加美观,观赏性更强。

图 3-21 在中近景下拍摄的视频画面

第 **4** 章

用哪一种画面拍？运镜三要素

在拍摄短视频时，画面的结构是非常重要的，好的画面结构可以极大地提升视频的美观度。而打造好的画面结构，需要掌握拍摄的角度、景别和构图这三个运镜拍摄中的关键要素。本章将为大家介绍视频拍摄角度、视频拍摄的景别、视频画面构图的相关知识，帮助大家在拍摄时可以合理安排好画面的结构，更好地利用镜头来传达思想情感。

4.1 拍摄角度与分类

拍摄角度是无处不在的，几乎每个视频都会透露出其拍摄角度，而为了拍摄出更好的视频，让运镜更具美感，拍摄角度是一个必学的拍摄知识。本节首先为大家讲解一下拍摄角度的相关知识。

4.1.1 拍摄角度是什么

拍摄角度包括拍摄方向、拍摄高度和拍摄距离，下面将以这三个要素为切入点，详细介绍拍摄角度。

1. 拍摄方向

拍摄方向是指以被摄对象为中心，在同一水平面上围绕被摄对象四周选择摄影点。在拍摄距离和拍摄高度不变的条件下，不同的拍摄方向能够展现被拍摄对象不同的侧面形象，以及主体与陪体、主体与环境的不同组合关系变化。拍摄方向通常分为：正面角度、斜侧角度、侧面角度、反侧角度和背面角度，如图4-1所示。

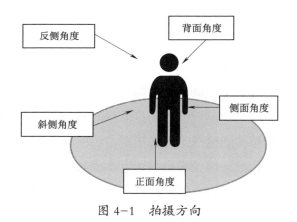

图 4-1　拍摄方向

2. 拍摄高度

拍摄高度可以简单分为平拍、俯拍和仰拍三种。复杂一点儿的细分，平拍中有正面拍摄、侧面拍摄和斜面拍摄。再拓展，还有顶摄、倒摄和侧反拍摄。

正面拍摄的优点是给观众一种完整和正面的形象，缺点是较平面、不够立体；侧面拍摄主要从拍摄对象的左右两侧进行拍摄，特点是有利于勾勒被摄对象的侧面轮廓；斜面拍摄是介于正面、侧面之间的拍摄角度，可以突出被摄对象的两个侧面，使被摄对象看起来更具有立体感。

俯拍主要是相机镜头从高处向下拍摄，视野比较宽阔，画面中的人物也会显得比较小。

仰拍是镜头从低处往上拍摄，可以使拍摄对象看起来更加高大。

顶摄是指相机镜头拍摄方向与地面垂直，在拍摄表演的时候比较常见；倒摄是一种与物体运动方向相反的拍摄方式，在专业的影视摄像中比较常见，比如，拍摄惊险画面时常常会用到倒摄；侧反拍摄主要是从被摄对象的侧后方进行拍摄，画面中的人物主要都是背影，面部呈现较少，可以产生神秘的感觉。

3. 拍摄距离

拍摄距离是指相机镜头和被摄对象之间的距离。

在使用同一焦距进行拍摄时，相机镜头与被摄对象之间的距离越近，相机能拍摄到的范围就越小，主体在画面中占据的位置也就越大；反之，拍摄范围越大，主体显得越小。

通常根据选取画面的大小、远近，可以细分为大特写、特写、近景、中近景、中景、全景、大全景、远景和大远景九种景别，简单分类就是特写、近景、中景、全景和远景。有关景别的相关知识将在 4.2 节进行详细介绍。

4.1.2 常用的拍摄角度

在实际的拍摄过程中，常用的拍摄角度主要有四种，分别是平角度拍摄、仰视角度拍摄、俯视角度拍摄和斜角度拍摄，具体介绍如下。

1. 平角度拍摄

平角度拍摄是指相机镜头与拍摄对象在水平方向保持一致，从而客观地展现拍摄主体的画面，也能让画面显得端庄，构图具有平衡的美感，如图 4-2 所示。

图 4-2　平角度拍摄的视频画面

2. 仰视角度拍摄

仰视角度拍摄，可以突出被摄对象的宏伟壮阔。当拍摄建筑物体时，会产生强烈的透视效果；当仰拍汽车、高山、树木时，会让画面具有气势感；还可以仰拍人物，让画面中的人物变得高大修长，如图 4-3 所示。

图 4-3　仰视角度拍摄的视频画面

3. 俯视角度拍摄

俯视角度拍摄就是相机镜头在高处，然后向下拍摄，也就是俯视，这种角度可以展现画面构图及表达主体大小。比如，在拍摄美食、动物和花卉题材的视频中，可以充分展示主体的细节；在拍摄人物的时候，也可以让人物显得更加娇小。图 4-4 所示为俯视角度拍摄的视频画面。

图 4-4　俯视角度拍摄的视频画面

俯视角度拍摄也可以根据俯视角度进行细分，比如30度俯拍、45度俯拍、60度俯拍、90度俯拍。不同的俯拍角度，拍摄出来的视频画面也给人不同的视觉感受。

4. 斜角度拍摄

斜角度拍摄主要是偏离了正面角度，从主体两侧拍摄；或者把镜头倾斜一定的角度拍摄主体，增加主体的立体感。倾斜角度拍摄人物时，富有立体感和活泼感，让画面不再单调，如图4-5所示。

图 4-5　斜角度拍摄的视频画面

除了以上四种常用的拍摄角度之外，可以根据拍摄者个人的喜好，选择其他的拍摄角度，大家可以根据拍摄习惯进行选择，没有唯一的正解。总之，只有多拍、多去体会和总结，才能在实践中获得更多的经验和知识。

4.2 认识景别

在前面的拍摄距离内容中简单介绍了景别的含义。下面将详细为大家讲解景别的相关知识。

在实际运用中，景别在影视作品里很常见。导演和拍摄者通过场面和镜头的调度，在各种镜头中使用不同的景别来叙述情节、塑造人物、表达作品主题，让画面富有表现力，作品具有艺术感染性，从而让观众接收到作品所表达的内容和情绪，以及加深观众对作品的印象。

4.2.1 景别分类

接下来，先以一部电影为例，为大家初步介绍远景、全景、中景、近景和特写这五个景别，为后面的深入学习打好基础。

图4-6所示为电影《黄金三镖客》中的五个景别。

远景

全景

中景

近景

特写

图4-6　电影《黄金三镖客》中的五个景别

从中可以大致知道五种景别的特点与作用。

（1）远景（被摄对象所处的环境）：一般展现的画面内容主要是环境全貌，展示人物及其周围广阔的空间环境。除了展现自然景色外，还能展现人物活动。主要作用在于介绍环境、交代地点，渲染气氛和抒发情感。远景细分之下还有大远景。

（2）全景（人体全身和部分周围环境）：主要展现人物的全身，包括人物的身形体态、衣着打扮和动作，从而交代人物的身份，引领出场。所以，全景和远景也被称为交代镜头。全景细分之下还有大全景。

（3）中景（人体膝盖部位以上的画面）：中景比全景展现的人物要细节一些，所以，可以更好地展现人物的身份和动作。在拍摄中，该景别对构图会有一定的要求。当然，中景并不一定必须要以膝盖部分为分界线，界线在膝盖部位左右就可以了。

（4）近景（人体胸部以上的画面）：近景有利于展现人物的细微动作，让观众对人物有着更细致的观察。该景别从人物的动作和表情中把情绪传递给观众，刻画人物的性格。在对话交流等场景中，也多用近景。比如，在记者采访类节目中，就常用该景别。在膝盖与胸部中间左右界线为景别的也可以细分为中近景。

（5）特写（人体肩部以上的画面）：特写中的画面一般是铺满状态，对观众的视觉冲击力也较强，能够给观众留下深刻的印象。这种镜头不仅可以给观众提供信息，还可以通过对人物微表情的展现，刻画人物和塑造故事线。特写细分之下是大特写，聚焦于某个器官或者点。

4.2.2　景别分类镜头

镜头景别是指镜头与拍摄对象的距离，通常包括远景、全景、中景、近景和特写等几大类型，不同的景别可以展现出不同的画面空间大小。拍摄者可以通过调整焦距或拍摄距离来调整镜头景别，从而控制取景框中的主体和周围环境所占的比例大小。

1. 远景镜头

远景镜头又可以细分为大远景和全远景两类。

（1）大远景镜头：景别的视角非常大，适合拍摄城市、山区、河流、沙漠或者大海等户外类 Vlog 视频题材。大远景镜头尤其适合用于片头部分，通常使用大广角镜头拍摄，能够将主体所处的环境完全展现出来，如图 4-7 所示。

图 4-7　大远景镜头的拍摄示例

（2）全远景镜头：可以兼顾环境和主体，通常用于拍摄高度和宽度都比较充足的室内或户外场景，可以更加清晰地展现主体的整体外貌形象，以及更好地表现视频拍摄的时间和地点，如图 4-8 所示。

图 4-8　全远景镜头的拍摄示例

大远景镜头和全远景镜头的区别除了拍摄的距离不同外，大远景镜头对于主体的表达也是不够的，主要用于交代环境；而全远景镜头则在交代环境的同时，也兼顾了主体的展现。

2. 全景镜头

全景镜头的主要功能是展现人物或其他主体的"全身面貌"，通常使用广角镜头拍摄，视频画面的视角非常广。

全景镜头的拍摄距离比较近，可以将人物的整个身体完全拍摄出来，包括性别、服装、表情、手部和脚部的肢体动作，如图 4-9 所示，全景镜头还可以用来表现多个人物的关系。

图 4-9　全景镜头拍摄的视频画面

3. 中景镜头

中景镜头的景别为从人物的膝盖部分向上至头顶，不但可以充分展现人物的面部表情、发型、发色和视线方向，同时还可以兼顾人物的手部动作，如图 4-10 所示。

图 4-10　中景镜头的拍摄示例

4. 近景镜头

近景镜头景别主要是将镜头下方的取景边界线卡在人物的腰部位置上，用来重点刻画人物形象和面部表情，展现出人物的神态、情绪等细节，如图 4-11 所示。

图 4-11　近景镜头拍摄的视频画面

5. 特写镜头

特写镜头景别主要着重刻画人物的整个头部画面或身体的局部特征。特写镜头是一种纯细节的景别形式，也就是说，拍摄者在拍摄时将镜头只对准人物的脸部、手部或者脚部等某个局部，进行细节的刻画和描述，如图 4-12 所示。

图 4-12　特写镜头拍摄的视频画面

4.3 如何进行构图

在运镜拍摄时少不了构图。构图是指通过安排各种物体和元素来实现一个主次关系分明的画面效果。在拍摄时，可以通过适当的构图方式，将想要表达的主题思想和创作意图形象化和可视化地展现出来，从而创造出更出色的视频画面效果。如何进行构图呢？本节将介绍四种常见的构图方式。

4.3.1 前景构图

前景，最简单的解释就是位于视频拍摄主体与镜头之间的事物。

前景构图是指利用恰当的前景元素来构图取景，可以使视频画面具有更强烈的纵深感和层次感，同时也能极大地丰富视频画面的内容，使视频更加鲜活饱满。因此，在进行拍摄时，拍摄者可以将身边能够充当前景的事物拍摄到视频画面当中来。

前景构图有两种操作思路，一种是将前景作为陪体，将主体放在近景或背景位置上，用前景来引导视线，使观众的视线聚焦到主体上。图 4-13 所示为分别以墙体、石柱为前景，突出主体人物的视频画面。

图 4-13　前景构图的视频画面

另一种则是直接将前景作为主体，也就是虚化背景，突出前景。图 4-14 所示为使用前景构图拍摄的视频画面，将背景虚化了，分别突出了拍摄的白鹭和梅花，从而增强了画面的景深感，还提升了视频的整体质感。

图 4-14　突出前景主体，虚化背景的视频画面

在运镜时，可以作为前景的元素有很多，如花草、树木、水中的倒影、道路、栏杆及各种装饰道具等。不同的前景有不同的作用，如有突出主体、引导视线、增添气氛、交代环境、形成虚实对比、形成框架、丰富画面等作用。

4.3.2　中心构图

中心构图又称为中央构图，简而言之，即将视频主体置于画面正中间进行取景。中心构图最大的优点在于主体非常突出、明确，而且画面可以达到上、下、左、右平衡的效果，更容易抓人眼球。

拍摄中心构图的视频非常简单，只需要将主体放置在视频画面的中心位置上即可，而且不受横竖构图的限制。

拍出中心构图效果的相关技巧如下。

（1）选择简洁的背景：使用中心构图时，尽量选择背景简洁的场景，或者主体与背景的反差比较大的场景，这样能够更好地突出主体，如图 4-15 所示。

图 4-15　中心构图视频画面

（2）制造趣味中心点：中心构图的主要缺点在于效果比较呆板，因此，拍摄时可以运用光影角度、虚实对比、人物肢体动作、线条韵律及黑白处理等方法，制造一个趣味中心点，让视频画面更加吸引眼球。

4.3.3　三分线构图

三分线构图是指将画面从横向或纵向分为三个部分，在拍摄视频时，将对象或焦点放在三分线的某一位置上进行构图取景，让对象更加突出，画面更加美观。

三分线构图的拍摄方法十分简单，只需要将视频拍摄主体放置在拍摄画面的横向或者竖向三分之一处即可。

图 4-16 所示为两个三分线构图的视频画面。第一个画面中，飞机在上三分之一的位置，夕阳在下三方之一的位置，中间三分之一留白，不仅让画面的视野更加广阔，并且还让画面有一定的氛围感。第二个画面中，人物在左三分之一的位置，右三分之二进行了留白，让画面看上去干净简洁。

图 4-16　两个三分线构图的视频画面

4.3.4　九宫格构图

九宫格构图又叫井字形构图，是三分线构图的综合运用形式，是指用横竖各两条直线将画面等分为九个空间，不仅可以让画面更加符合人眼的视觉习惯，而且还能突出主体、均衡画面。

使用九宫格构图时，不仅可以将主体放在四个交叉点上，也可以将其放在九个空格内，可以使主体非常自然地成为画面的视觉中心。在拍摄短视频时，用户可以将手机的九宫格构图辅助线打开，以便更好地对画面中的主体元素进行定位或保持线条的水平。

4.3.5 对称式构图

对称式构图是指画面中心有一条线把画面分为对称的两份，可以是画面上下对称（水平对称），也可以是画面左右对称（垂直对称），或者是围绕一个中心点实现画面的径向对称，这种对称画面会给人带来一种平衡、稳定与和谐的视觉感受。

图 4-17 所示为上下对称式构图视频画面，以湖面为对称轴，画面上方的山脉和画面下方的倒影，形成上下对称构图，让视频画面的布局更为平衡。

图 4-17　上下对称式构图视频画面

第 **5** 章

基础入门运镜

　　运镜是一种叙事形式，在短视频的拍摄过程中，在分镜头中采用一些简单的运镜，不仅有助于强调环境、刻画人物和营造相应的气氛，而且对短视频的质量有一定提升。本章将为大家介绍七种入门运镜和两种基础运镜，帮助大家打好运镜拍摄基础。

5.1 七种入门运镜

不同的运镜方式有不同的叙事作用。推、拉、移、摇、跟、升和降镜头是运镜中的入门级镜头,其他更复杂的镜头基本上都是在这些镜头的基础上衍生而来的。不同的运镜方式可以表达不同的主题和情绪,本节就来为大家介绍这七种这运镜方式。

5.1.1 推镜头

【效果展示】推镜头,顾名思义就是前推镜头,主要是镜头往前推近,画面中的人物位置可以保持不动,在前推的过程中,画面由聚焦人物所处的环境到聚焦人物本身。推镜头画面如图 5-1 所示。

图 5-1　推镜头画面

【视频扫码】教学视频画面如图 5-2 所示。

扫码看视频

图 5-2　教学视频画面

下面对拍摄的脚本和分镜头进行解说。

▶▷ STEP01 人物站在镜头的前方，镜头从远处拍摄人物，如图 5-3 所示。

▶▷ STEP02 人物可以在原地做一些动作，镜头前推拍摄，如图 5-4 所示。

图 5-3　镜头从远处拍摄人物

图 5-4　镜头前推拍摄

▶▷ STEP03 镜头继续前推，拍摄人物的上半身，展示人物的动作，如图 5-5 所示。

▶▷ STEP04 镜头继续前推，展示人物近景，画面焦点由景和人完全转为人物，如图 5-6 所示。

图 5-5　镜头继续前推

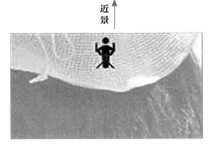

图 5-6　镜头展示人物近景

5.1.2 拉镜头

【效果展示】拉镜头是指人物的位置不动，镜头逐渐远离拍摄对象，在远离的过程中使观众产生宽广舒展的感觉，让场景更具有张力。拉镜头画面如图5-7所示。

图 5-7 拉镜头画面

【视频扫码】教学视频画面如图 5-8 所示。

扫码看视频

图 5-8 教学视频画面

下面对拍摄的脚本和分镜头进行解说。

▶▶ STEP01 人物站着看风景，镜头从背面拍摄人物的近景，如图5-9所示。

▶▷ STEP02　人物位置不动，镜头慢慢向后拉，远离人物，并尽量让人物处在靠近画面中心的位置，如图 5-10 所示。

▶▷ STEP03　镜头继续后拉，画面中的环境因素越来越多，如图 5-11 所示。

▶▷ STEP04　镜头后拉到一定的距离，展示人物和风景，如图 5-12 所示。

图 5-9　镜头从背面拍摄人物近景

图 5-10　镜头慢慢向后拉

图 5-11　镜头继续后拉

图 5-12　展示人物和风景

5.1.3 移镜头

【效果展示】移镜头是指镜头沿着水平面向各个方向移动拍摄，可以把运动中的人物和各种景物交织在一起，从而让画面具有动感和节奏感。移镜头画面如图 5-13 所示。

图 5-13　移镜头画面

【视频扫码】教学视频画面如图 5-14 所示。

扫码看视频

图 5-14　教学视频画面

下面对拍摄的脚本和分镜头进行解说。

▶▶ STEP01 镜头拍摄草丛，以草丛为前景，人物则在镜头的右侧，如图 5-15 所示。

▶▶ STEP02 镜头慢慢向右移动，在移动的过程中，镜头慢慢扫过草丛，同时人物从镜头右侧进入画面，如图 5-16 所示。

图 5-15　镜头拍摄草丛

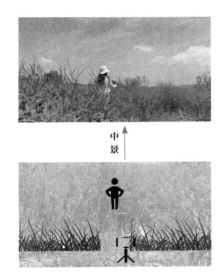

图 5-16　人物从镜头右侧进入画面

▶▶ STEP03 镜头继续右移，前行的人物变成了画面的视觉中心，如图 5-17 所示。

▶▶ STEP04 镜头继续右移一小段距离，人物也越来越远了，慢慢地远离镜头，如图 5-18 所示。

图 5-17　镜头继续移动

图 5-18　人物慢慢远离镜头

5.1.4 摇镜头

【效果展示】摇镜头是指镜头在固定的位置，向上、向下、向左或者向右进行摇摄，一般用来介绍环境，或者表达人物的来由和展示人物的连续动作，还可以用来建立不同人物之间的关系。摇镜头画面如图 5-19 所示。

图 5-19　摇镜头画面

【视频扫码】教学视频画面如图 5-20 所示。

扫码看视频

图 5-20　教学视频画面

下面对拍摄的脚本和分镜头进行解说。

▶▶ STEP01 拍摄者找好合适的机位，在固定位置进行摇摄，镜头先拍摄人物上方的天空，如图 5-21 所示。

▶▶ STEP02 镜头慢慢向下进行摇摄，人物开始一点点出现在画面中，如图 5-22 所示。

图 5-21　镜头拍摄人物上方的天空

图 5-22　人物开始出现在画面中

▶▶ STEP03 人物位置不动，镜头继续向下摇摄，如图 5-23 所示。

▶▶ STEP04 镜头继续向下摇摄，摇摄至人物腰部附近的位置，停止运镜，展示人物和风景，如图 5-24 所示。

图 5-23　镜头继续向下摇摄

图 5-24　镜头展示人物和风景

5.1.5 跟 镜 头

【效果展示】跟镜头是指镜头跟随移动中的被摄对象进行拍摄，跟随感十分强烈，让观众仿佛置身于视频所展现的场景中，具有沉浸感。跟镜头画面如图 5-25 所示。

图 5-25　跟镜头画面

【视频扫码】教学视频画面如图 5-26 所示。

扫码看视频

图 5-26　教学视频画面

下面对拍摄的脚本和分镜头进行解说。

▶▶ STEP01 在人物前行的时候，镜头拍摄人物的背面，如图 5-27 所示。

▶▶ STEP02 镜头与人物保持一定的距离，跟随人物前行，如图 5-28 所示。

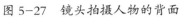

图 5-27　镜头拍摄人物的背面

图 5-28　镜头跟随人物前行

▶▷ STEP03 镜头继续跟随人物移动，如图 5-29 所示。

▶▷ STEP04 镜头继续跟随人物背面移动，直到人物停止前进，如图 5-30 所示。

图 5-29　镜头继续跟随人物移动

图 5-30　镜头跟随人物直到人物
停止前进

5.1.6 升镜头

【效果展示】升镜头主要是利用升降装置或者人体姿态的改变，做向上运动所进行的拍摄，升镜头随着视点高度的转换，能够给观众带来丰富的视觉美感。升镜头画面如图5-31所示。

图5-31　升镜头画面

【视频扫码】教学视频画面如图5-32所示。

扫码看视频

图5-32　教学视频画面

下面对拍摄的脚本和分镜头进行解说。

▶▶ STEP01　选择一个合适的机位，镜头从背面先拍摄人物的腿部，如图5-33所示。

▶▶ STEP02　人物始终背对镜头，镜头开始慢慢上升，如图 5-34 所示。

图 5-33　镜头拍摄人物的腿部　　　　　图 5-34　镜头开始慢慢上升

▶▶ STEP03　人物位置保持不动，镜头继续上升，上升至人物腰部左右的位置，如图 5-35 所示。

▶▶ STEP04　镜头继续慢慢上升，拍摄人物，镜头上升至使人物处在画面的下三分之一的位置，即可停止运镜，如图 5-36 所示。

图 5-35　镜头继续上升　　　　　　　图 5-36　镜头继续慢慢上升

5.1.7 降镜头

【效果展示】降镜头和升镜头的运动方向是相对的，是指利用升降装置或者人体姿态的改变，做向下运动所进行的拍摄。降镜头具有一定的运动感，可以用来展示场景、表现气氛。降镜头画面如图 5-37 所示。

图 5-37 降镜头画面

【视频扫码】教学视频画面如图 5-38 所示。

扫码看视频

图 5-38 教学视频画面

下面对拍摄的脚本和分镜头进行解说。

▶▶ STEP01 镜头拍摄人物上方的天空和远处的风景，如图 5-39 所示。

▶▶ STEP02 人物背对镜头，镜头开始下降，人物也慢慢进入镜头，如图 5-40 所示。

图 5-39　镜头拍摄天空和风景　　　　图 5-40　镜头开始下降

▶▶ STEP03 人物位置不动，镜头继续下降，如图 5-41 所示。

▶▶ STEP04 镜头继续向下降，在人物腰部附近的位置，停止运镜，如图 5-42 所示。

图 5-41　镜头继续向下降　　　　图 5-42　镜头向下降至一定位置

5.2 两种基础运镜

旋转镜头和环绕镜头相比于前面的七种镜头来说稍微难一点儿，但也属于基础的运镜。旋转镜头是指利用变换着的镜头角度来拍摄出别样视角的画面，让画面具有新鲜感；环绕镜头则是镜头围绕某个对象进行环绕拍摄，从正面、侧面、背面等几个方位展示主体。本节将介绍旋转镜头和环绕镜头的拍法。

5.2.1 旋转镜头

【效果展示】在拍摄旋转镜头的时候，需要把稳定器中的拍摄模式转换为旋转模式，然后通过控制摇杆进行旋转拍摄，旋转的同时可以跟随被摄对象进行移动。旋转镜头画面如图 5-43 所示。

图 5-43　旋转镜头画面

视频画面如图 5-44 所示。

图 5-44　视频画面

　　下面对拍摄的脚本和分镜头进行解说。

▶▷ STEP01　先将镜头旋转一定的角度，拍摄人物和风景，如图 5-45 所示。

▶▷ STEP02　人物向前行走，镜头开始旋转，并跟随人物前行，如图 5-46 所示。

全景↑

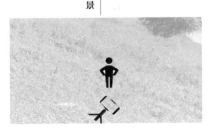

图 5-45　镜头拍摄人物和风景

全景↑

图 5-46　镜头开始旋转

▶▶ STEP03 镜头继续向同一方向旋转，人物继续前行，如图 5-47 所示。

▶▶ STEP04 人物继续前行，镜头继续旋转并跟随人物，直到无法继续旋转，便停止运镜，如图 5-48 所示。

图 5-47　人物继续前行　　　　　　图 5-48　镜头继续旋转并跟随人物

5.2.2　环绕镜头

【效果展示】在拍摄环绕镜头的时候，需要提前找好被摄对象，然后围绕对象进行环绕 180 度左右的拍摄。当然，除了环绕 180 度，还可以环绕各种角度。环绕镜头画面如图 5-49 所示。

图 5-49　环绕镜头画面

视频画面如图 5-50 所示。

图 5-50　视频画面

　　下面对拍摄的脚本和分镜头进行解说。

▶▷ STEP01 人物坐在长椅上，镜头从斜侧面拍摄人物，如图 5-51 所示。

▶▷ STEP02 镜头开始围绕人物进行环绕拍摄，人物逐渐开始变成正面角度，如图 5-52 所示。

图 5-51　镜头从斜侧面拍摄人物

图 5-52　镜头进行环绕拍摄

▶▷ STEP03 镜头继续围绕人物进行环绕拍摄，环绕至人物正面，如图5-53所示。

▶▷ STEP04 镜头继续环绕，环绕至人物另一侧，环绕角度在180度左右，全方位、多角度地展示模特儿的动作和神态，如图5-54所示。

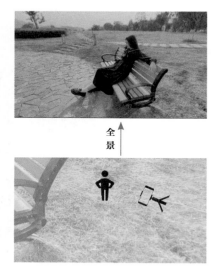

图5-53　镜头环绕至人物正面　　　　图5-54　镜头环绕至人物另一侧

第6章
进阶提升运镜

　　上一章学习了一些基础的运镜，本章将带领大家学习五个进阶运镜和六个组合运镜，这些运镜方式都是从上一章所学的基础运镜中衍生而来的，让大家在学习新的运镜方式的同时，也可以巩固和强化上一章学习的基础运镜。本章也是一个具有过渡性的章节，希望大家在运镜实操上可以稳步提高。

6.1 五种进阶运镜

本节将介绍的进阶运镜都是在已经学习的推镜头、拉镜头和跟镜头的基础上衍生而来的，学习本节的运镜方式也是对前一章内容的复习，可以在此前学习的基础上进行提升，也希望帮助大家奠定坚实的运镜基础。

6.1.1 正面跟随

【效果展示】正面跟随镜头是跟随镜头中的一种，这个镜头的特点主要是从被摄对象的正面进行跟随，跟踪记录人物的状态。正面跟随运镜画面如图6-1所示。

图 6-1 正面跟随运镜画面

【视频扫码】教学视频画面如图6-2所示。

扫码看视频

图 6-2 教学视频画面

下面对拍摄的脚本和分镜头进行解说。

▶▷ STEP01　镜头在人物的正面拍摄，人物准备向前走，如图 6-3 所示。

▶▷ STEP02　人物开始向前走，镜头同时向后退，拍摄人物的正面，如图 6-4
所示。

图 6-3　人物准备向前走　　　　　图 6-4　人物向前走，同时镜头向后退

▶▷ STEP03　人物继续向前走，镜头继续向后退，如图 6-5 所示。

▶▷ STEP04　人物向前走了一段距离，镜头正面跟随了一段距离，展现人物的
一切动态，如图 6-6 所示。

图 6-5　镜头继续向后退　　　　　图 6-6　镜头正面跟随了一段距离

6.1.2　侧面跟随

【效果展示】侧面跟随，顾名思义就是从人物的侧面跟随进行运镜拍摄。侧面跟随运镜画面如图 6-7 所示。

图 6-7　侧面跟随运镜画面

【视频扫码】教学视频画面如图 6-8 所示。

扫码看视频

图 6-8　教学视频画面

下面对拍摄的脚本和分镜头进行解说。

▶▶ STEP01 人物从镜头左侧开始准备前行，镜头从侧面拍摄人物，如图 6-9 所示。

▶▶ STEP02 在人物前行的过程中，镜头从侧面跟随人物移动，如图 6-10 所示。

图 6-9　镜头从侧面拍摄人物　　　图 6-10　镜头从侧面跟随人物移动

▶▶ STEP03 镜头继续在侧面跟随人物，如图 6-11 所示。

▶▶ STEP04 镜头侧面跟随人物一段距离，在人物停止前行时，镜头也停止拍摄，如图 6-12 所示。

图 6-11　镜头继续在侧面跟随人物　　　图 6-12　镜头侧面跟随人物一段距离

6.1.3 斜侧面反向跟随

【效果展示】斜侧面反向跟随就是从被摄人物的斜侧面进行正面跟随拍摄，可以用镜头角度修饰人物的脸型和身材，让人物看起来更"显瘦"。斜侧面反向跟随运镜画面如图 6-13 所示。

图 6-13　斜侧面反向跟随运镜画面

【视频扫码】教学视频画面如图 6-14 所示。

扫码看视频

图 6-14　教学视频画面

下面对拍摄的脚本和分镜头进行解说。

▶▶ STEP01 镜头在人物的前方，从斜侧面拍摄人物，如图 6-15 所示。

▶▷ STEP02 人物开始向前方行走，镜头从斜侧面进行反向跟随，如图 6-16 所示。

图 6-15　镜头从斜侧面拍摄人物　　　图 6-16　镜头从斜侧面进行反向跟随

▶▷ STEP03 人物继续向前行走，拍摄者适当加快一点儿跟随速度，将镜头和人物的距离适当拉远一点儿，如图 6-17 所示。

▶▷ STEP04 人物继续前行，镜头继续斜侧面跟随一段距离，如图 6-18 所示。

图 6-17　镜头和人物距离拉远　　　　图 6-18　镜头继续斜侧面跟随一段距离

6.1.4　过肩前推

【效果展示】过肩前推主要是指镜头前推并越过人物的肩膀进行拍摄，在前推的过程中，画面中的主体由人物转向人物所看的风景，具有层层递进之感。过肩前推运镜画面如图 6-19 所示。

图 6-19　过肩前推运镜画面

【视频扫码】教学视频画面如图 6-20 所示。

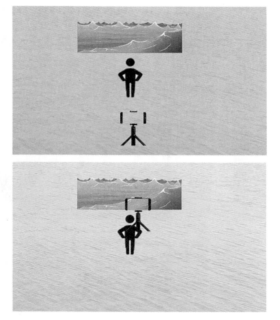

扫码看视频

图 6-20　教学视频画面

下面对拍摄的脚本和分镜头进行解说。

▶▶ STEP01 人物背对镜头，欣赏风景，镜头拍摄人物的背面，如图 6-21 所示。

▶▷ STEP02　人物位置保持不动，镜头开始慢慢向前推近，如图 6-22 所示。

图 6-21　镜头拍摄人物的背面　　　　图 6-22　镜头开始向前推近

▶▷ STEP03　人物保持不动，镜头慢慢前推至人物肩膀的位置，如图 6-23 所示。

▶▷ STEP04　镜头越过人物肩膀，前推拍摄人物眼前的风景，视角由第三人称转化到第一人称，增强代入感，如图 6-24 所示。

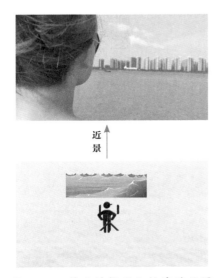

图 6-23　镜头前推至人物肩膀位置　　　　图 6-24　镜头越过人物肩膀拍摄风景

6.1.5 过肩后拉

【效果展示】过肩后拉和过肩前推是相对的，过肩后拉运镜主要是从人物的肩部前面慢慢往后拉远，同时转换画面场景，画面焦点由风景转换为人物。过肩后拉运镜画面如图 6-25 所示。

图 6-25　过肩后拉运镜画面

【视频扫码】教学视频画面如图 6-26 所示。

扫码看视频

图 6-26　教学视频画面

下面对拍摄的脚本和分镜头进行解说。

▶▷ STEP01 镜头先拍摄人物前方的风景，如图 6-27 所示。

▶▷ STEP02 镜头开始慢慢后拉，人物开始出现在画面中，镜头从人物的肩膀处越过，如图 6-28 所示。

图 6-27　镜头拍摄人物前方的风景

图 6-28　镜头从人物肩膀处越过

▶▷ STEP03 镜头继续向后拉，拍摄人物，如图 6-29 所示。

▶▷ STEP04 镜头继续后拉一段距离，展示人物和风景，如图 6-30 所示。

图 6-29　镜头继续向后拉

图 6-30　展示人物和风景

6.2 六种组合运镜

组合运镜是将两种或两种以上的运镜方式组合在一起，组合运镜同样也是从已经学习过的运镜方式中衍生出来的。学习并掌握本节的六种组合运镜，可以让你的短视频拍摄水平再提高一个层次。

6.2.1　后拉 + 环绕

【效果展示】后拉 + 环绕运镜是镜头先后拉，然后环绕一小段距离，转换拍摄角度和位置，让视频更有动感。后拉 + 环绕运镜画面如图 6-31 所示。

图 6-31　后拉 + 环绕运镜画面

【视频扫码】教学视频画面如图 6-32 所示。

扫码看视频

图 6-32　教学视频画面

下面对拍摄的脚本和分镜头进行解说。

▶▶ STEP01　人物在镜头的右侧行走，镜头在人物前面一点儿的位置，镜头先拍摄前方的风景，如图 6-33 所示。

▶▶ STEP02　镜头开始后退，进行后拉拍摄，人物从右侧进入画面，如图 6-34 所示。

图 6-33　镜头先拍摄前方的风景　　　　图 6-34　人物从右侧进入画面

▶▶ STEP03　在人物向前行走的时候，镜头开始后退，并向右侧栏杆的位置环绕，如图 6-35 所示。

▶▶ STEP04　镜头慢慢后退环绕到右侧栏杆的位置，人物越走越远，如图 6-36 所示。

图 6-35　镜头向右侧栏杆的位置环绕　　　图 6-36　镜头后退环绕到右侧栏杆的位置

6.2.2 横移 + 环绕

【效果展示】横移 + 环绕是指进行横移拍摄后，再进行环绕运镜。这组镜头的画面焦点是由风景转变为人物，多方位的画面展示使视频更富有动感，适合用来交代环境和揭示人物出场。横移 + 环绕运镜画面如图 6-37 所示。

图 6-37　横移 + 环绕运镜画面

【视频扫码】教学视频画面如图 6-38 所示。

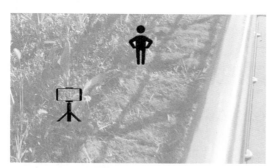

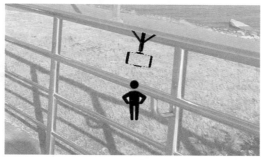

扫码看视频

图 6-38　教学视频画面

下面对拍摄的脚本和分镜头进行解说。

▶▶ STEP01 人物在远处，镜头拍摄旁边的风景，如图 6-39 所示。

▶▶ STEP02 镜头右移一定的距离，人物也向镜头走来，如图 6-40 所示。

图 6-39　镜头拍摄旁边的风景　　　　图 6-40　镜头右移一定的距离

▶▶ STEP03 在人物与镜头快要相遇的时候，镜头向右移动，慢慢环绕到人物的侧面，如图 6-41 所示。

▶▶ STEP04 镜头继续环绕到人物的背面，揭示人物出场，如图 6-42 所示。

图 6-41　镜头环绕到人物的侧面　　　　图 6-42　镜头继续环绕到人物背面

6.2.3 推镜头 + 跟镜头

【效果展示】推镜头 + 跟镜头是由前推镜头和跟随镜头组合在一起的一组镜头。画面中人物的运动轨迹是直线，拍摄者的运动轨迹则是直角，也是一组适合交代人物出场的镜头。推镜头 + 跟镜头画面如图 6-43 所示。

图 6-43　推镜头 + 跟镜头画面

【视频扫码】教学视频画面如图 6-44 所示。

扫码看视频

图 6-44　教学视频画面

下面对拍摄的脚本和分镜头进行解说。

▶▶ STEP01 镜头从侧面拍摄人物，人物向前行走，如图 6-45 所示。

▶▶STEP02 镜头从侧面向前推近，人物继续前行，如图 6-46 所示。

图 6-45　镜头从侧面拍摄人物　　　　图 6-46　镜头从侧面推近

▶▶STEP03 人物继续行走，镜头前推至和人物相遇时，转换到人物的背面，如图 6-47 所示。

▶▶STEP04 人物继续前行，镜头从背面跟随人物一段距离，如图 6-48 所示。

图 6-47　镜头转换到人物背面　　　　图 6-48　镜头从背面跟随一段距离

6.2.4 下摇 + 后拉

【效果展示】下摇 + 后拉是镜头先仰拍然后慢慢下摇至平拍的角度，并进行后拉拍摄，在拍摄人物的同时，展示更多的环境画面。下摇 + 后拉运镜画面如图 6-49 所示。

图 6-49　下摇 + 后拉运镜画面

【视频扫码】教学视频画面如图 6-50 所示。

扫码看视频

图 6-50　教学视频画面

下面对拍摄的脚本和分镜头进行解说。

▶▶ STEP01 镜头先仰拍人物上方的天空，如图 6-51 所示。

▶▶ STEP02 镜头慢慢下摇，人物开始出现在画面中，如图 6-52 所示。

图 6-51　镜头先仰拍天空　　　　　　　图 6-52　镜头慢慢下摇

▶▶ STEP03 镜头继续下摇，摇至平拍角度开始后拉，如图 6-53 所示。

▶▶ STEP04 镜头后拉一段距离，展示人物和风景，如图 6-54 所示。

图 6-53　镜头开始后拉　　　　　　　　图 6-54　镜头后拉一段距离

6.2.5 上摇 + 背面跟随

【效果展示】上摇 + 背面跟随运镜是指镜头从俯拍上摇至平拍视角，然后开始从背面跟随人物进行拍摄。上摇 + 背面跟随运镜画面如图 6-55 所示。

图 6-55　上摇 + 背面跟随运镜画面

【视频扫码】教学视频画面如图 6-56 所示。

扫码看视频

图 6-56　教学视频画面

下面对拍摄的脚本和分镜头进行解说。

▶▷ STEP01　镜头在人物背面，先俯拍地面和人物的脚部，如图 6-57 所示。
▶▷ STEP02　镜头慢慢向上摇，在快要摇至平拍角度时，人物开始向前行走，如图 6-58 所示。

图 6-57　镜头拍摄地面和人物脚部　　　　图 6-58　人物开始向前行走

▶▷ STEP03　镜头上摇至平拍视角，开始跟随人物前行，如图 6-59 所示。
▶▷ STEP04　镜头从背面跟随人物前行一段距离，如图 6-60 所示。

图 6-59　镜头开始跟随人物前行　　　　图 6-60　镜头从背面跟随人物一段距离

6.2.6 正面跟随 + 环绕 + 后拉

【效果展示】正面跟随 + 环绕 + 后拉这组镜头是先从正面跟随人物一段距离，然后镜头环绕到人物的背面，最后进行后拉拍摄。正面跟随 + 环绕 + 后拉运镜画面如图 6-61 所示。

图 6-61　正面跟随 + 环绕 + 后拉运镜画面

【视频扫码】教学视频画面如图 6-62 所示。

下面对拍摄的脚本和分镜头进行解说。

▶▷ STEP01 镜头从正面拍摄人物，并正面跟随人物一段距离，如图 6-63 所示。

▶▷ STEP02 跟随人物一段距离后，人物继续向前行走，镜头开始进行环绕，如图 6-64 所示。

扫码看视频

图 6-62　教学视频画面

图 6-63　镜头正面跟随人物一段距离

图 6-64　镜头开始进行环绕

▶▷ STEP03 　镜头环绕到人物的背后，并进行后拉拍摄，如图 6-65 所示。

▶▷ STEP04 　人物继续前行，镜头继续后拉一段距离，如图 6-66 所示。

图 6-65　镜头环绕到人物背后并进行后拉　　图 6-66　镜头继续后拉一段距离

第**7**章

不同角度运镜

通过前面章节的学习及动手实拍，相信大家已经掌握了一定的运镜拍摄技巧。本章将带领大家学习高角度和低角度运镜拍摄，这两种高度的拍摄相比于平拍视角是有一定难度的，但学会不同角度的运镜技巧，可以帮助大家拍出画面更加高级的视频。相信本章的内容可以很好地帮助大家提升运镜水平。

7.1 高角度运镜拍摄

高角度运镜拍摄是指让镜头在高于平拍视角的高度进行拍摄。拍摄者可以通过高举稳定器，或者站在比被摄主体更高的地方进行俯视拍摄。高角度拍摄会给观众带来别样的视觉体验，本节将介绍三种高角度的运镜方式供大家参考。

7.1.1 上升 + 摇摄

【效果展示】上升 + 摇摄运镜需要镜头在上升到高于人物头部的高度，进行俯拍，在结束上升运镜之后跟随人物的运动轨迹进行摇摄。上升 + 摇摄运镜画面如图 7-1 所示。

图 7-1 上升 + 摇摄运镜画面

【视频扫码】教学视频画面如图 7-2 所示。

扫码看视频

图 7-2 教学视频画面

下面对拍摄的脚本和分镜头进行解说。

▶▶ STEP01 镜头从人物侧面拍摄，先低角度拍摄地面和人物脚部，如图 7-3 所示。

▶▶ STEP02 人物向前行走，镜头开始慢慢上升，如图 7-4 所示。

图 7-3　镜头低角度拍摄地面和人物脚部　　　图 7-4　镜头慢慢上升

▶▶ STEP03 镜头继续上升，上升至高于人物头部的位置，开始摇摄，如图 7-5 所示。

▶▶ STEP04 人物继续前行，镜头跟随人物运动的方向继续摇摄，如图 7-6 所示。

图 7-5　镜头开始摇摄　　　　　图 7-6　镜头跟随人物运动方向继续摇摄

7.1.2　旋转下摇 + 背面跟随

【效果展示】旋转下摇 + 背面跟随是指将镜头旋转一定角度仰拍天空，然后旋转回正，同时下摇拍摄人物，下摇至平拍角度时，跟随人物前行。旋转下摇 + 背面跟随运镜画面如图 7-7 所示。

图 7-7　旋转下摇 + 背面跟随运镜画面

【视频扫码】教学视频画面如图 7-8 所示。

扫码看视频

图 7-8　教学视频画面

下面对拍摄的脚本和分镜头进行解说。

▶▷ STEP01 镜头旋转一定角度仰拍天空，人物开始向前行走，如图 7-9 所示。

▶▷ STEP02 镜头开始旋转并下摇，旋转至镜头回正即停止旋转，如图 7-10 所示。

▶▷ STEP03 镜头继续下摇，下摇至平拍角度，开始跟随人物，如图 7-11 所示。

远景

近景

图 7-9　镜头旋转一定角度仰拍天空　　　　图 7-10　镜头旋转至回正

▶▶STEP04 人物继续向前行走，镜头继续跟随一段距离，如图 7-12 所示。

中近景

中近景

图 7-11　镜头下摇至平拍角度开始跟随人物　　　图 7-12　镜头继续跟随一段距离

7.1.3　高空视角旋转运镜

【效果展示】高空视角是一种从人物头顶向下俯拍的拍摄角度，在航拍视频中很常见。拍摄者可以高举手机稳定器或者站在比人物更高的水平面进行旋转拍摄，用一种别样的视角突出被摄主体。高空视角旋转运镜画面如图 7-13 所示。

图 7-13　高空视角旋转运镜画面

【视频扫码】教学视频画面如图 7-14 所示。

扫码看视频

图 7-14　教学视频画面

下面对拍摄的脚本和分镜头进行解说。

▶▷ STEP01 将稳定器切换至"旋转拍摄"模式，镜头旋转一定角度，拍摄者站在高处，从人物侧面进行俯视拍摄，如图 7-15 所示。

▶▷ STEP02 人物向前行走，镜头从侧面跟随人物，同时推动摇杆，让镜头旋转，如图 7-16 所示。

图 7-15　从人物侧面进行俯视拍摄　　　图 7-16　镜头旋转并侧面跟随人物

▶▶STEP03 人物继续前行，拍摄者继续向同一方向推动摇杆，让镜头持续旋转，并跟随人物，如图 7-17 所示。

▶▶STEP04 镜头旋转到无法旋转时，即可停止拍摄，用独特的视角展示人物，如图 7-18 所示。

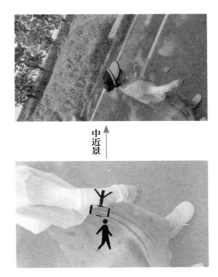

图 7-17　镜头持续旋转跟随　　　　图 7-18　镜头旋转到无法旋转

7.2 低角度运镜拍摄

低角度运镜拍摄和高角度运镜拍摄是相对的，是指拍摄者通过压低重心，或者将镜头倒置，使镜头处在低于平拍视角的高度进行运镜拍摄。低角度拍摄可以避开一些干扰物，让画面背景更加干净整洁；在拍摄人物时可以使人物看起来更加高大，还可以拍摄出一些具有神秘感的镜头。本节将介绍四种低角度镜头，大家学会之后可以举一反三，尝试更多不同的低角度运镜方式。

7.2.1 低角度后跟

【效果展示】低角度后跟是指镜头低角度拍摄人物背面，在人物前行的时候跟随人物。低角度后跟运镜画面如图 7-19 所示。

图 7-19　低角度后跟运镜画面

【视频扫码】教学视频画面如图 7-20 所示。

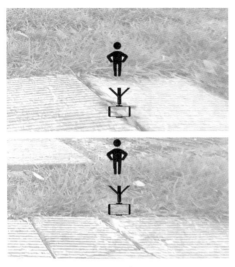

扫码看视频

图 7-20　教学视频画面

下面对拍摄的脚本和分镜头进行解说。

▶▷ STEP01 倒拿手机稳定器，低角度拍摄人物的背面，如图 7-21 所示。

▶▷ STEP02 在人物前行时，镜头跟随人物前行，如图 7-22 所示。

中景

图 7-21　低角度拍摄人物的背面

中景

图 7-22　镜头跟随人物前行

▶▷ STEP03 镜头继续低角度跟随人物，如图 7-23 所示。

▶▶ STEP04 镜头低角度跟随人物一段距离后结束运镜，画面只露出了人物的下半身，看不到头和脸，这种低角度后跟具有强烈的神秘感，如图 7-24 所示。

图 7-23　镜头继续低角度跟随人物　　　图 7-24　镜头低角度跟随人物一段距离

7.2.2　低角度横移

【效果展示】低角度横移是指镜头低角度平拍人物，然后从右至左横移，画面不仅具有流动感，而且角度特别。该镜头拍出来，带给观众人物被缩小、环境被放大的感觉。低角度横移运镜画面如图 7-25 所示。

图 7-25　低角度横移运镜画面

【视频扫码】教学视频画面如图 7-26 所示。

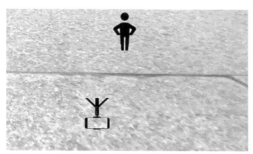

扫码看视频

图 7-26 教学视频画面

下面对拍摄的脚本和分镜头进行解说。

▶▶ STEP01 人物在画面靠左侧的位置，倒拿手机稳定器拍摄人物，如图 7-27 所示。

▶▶ STEP02 人物前行，镜头从右至左低角度横移，如图 7-28 所示。

中景

全景

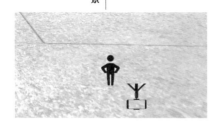

图 7-27 倒拿手机稳定器拍摄人物　　　　图 7-28 镜头从右至左低角度横移

▶▷ STEP03 人物继续前行，镜头也继续向左侧低角度横移，如图7-29所示。

▶▷ STEP04 人物渐行渐远，镜头从人物的右侧低角度横移到人物的左侧，展现不一样的拍摄视角，如图7-30所示。

图7-29　镜头继续向左侧低角度横移　　图7-30　镜头从右侧低角度横移到左侧

7.2.3　全景低角度后拉

【效果展示】全景低角度后拉是指低角度拍摄人物时，景别是全景，然后再进行低角度后拉。全景低角度后拉运镜画面如图7-31所示。

图7-31　全景低角度后拉运镜画面

【视频扫码】教学视频画面如图7-32所示。

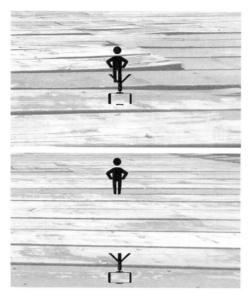

扫码看视频

图 7-32 教学视频画面

下面对拍摄的脚本和分镜头进行解说。

▶▶ STEP01 人物前行时，手机稳定器倒拿着，从人物背面低角度拍摄人物全身，如图 7-33 所示。

▶▶ STEP02 人物继续前行，镜头低角度后拉，如图 7-34 所示。

全景↑

全远景↑

图 7-33 镜头从背面低角度拍摄人物　　　图 7-34 镜头低角度后拉

▶▶ STEP03 镜头继续低角度后拉，人物离镜头越来越远，如图 7-35 所示。

▶▶ STEP04 镜头后拉到一定距离后结束运镜，画面变成以环境为主了，如图 7-36 所示。

图 7-35　镜头继续低角度后拉　　　图 7-36　镜头后拉到一定距离后结束运镜

7.2.4　盗梦空间运镜

【效果展示】盗梦空间运镜就是镜头进行低角度旋转跟随拍摄，镜头旋转的时候会给人带来一种晕眩感，这也是电影《盗梦空间》中常用的镜头。盗梦空间运镜画面如图 7-37 所示。

图 7-37　盗梦空间运镜画面

【视频扫码】教学视频画面如图 7-38 所示。

扫码看视频

图 7-38　教学视频画面

下面对拍摄的脚本和分镜头进行解说。

▶▷ STEP01 　将稳定器切换至"旋转拍摄"模式并倒置拍摄，镜头旋转一定角度，低角度从人物背面进行拍摄，如图 7-39 所示。

▶▷ STEP02 　推动摇杆使镜头旋转，并跟随人物向前行走，如图 7-40 所示。

图 7-39　镜头从人物背面低角度拍摄　　　图 7-40　镜头跟随人物向前行走

▶▶ STEP03 继续向同一方向推动摇杆,让镜头继续旋转,并继续跟随人物前进,如图 7-41 所示。

▶▶ STEP04 人物前行到了一定的距离,镜头也旋转了将近 360 度,并跟随到一定的距离,从而展示人物所处的场景,如图 7-42 所示。

图 7-41 镜头继续旋转跟随人物前进　　　图 7-42 展示人物所处场景

第**8**章

利用前景运镜

　　前景是位于被摄主体和镜头之间的事物，前景构图就是利用合适的前景来进行取景构图，可以增加画面的层次感。利用前景来拍摄视频，可以丰富视频内容，让画面看起来更加丰富饱满。本章将从前景作为陪体和前景作为主体两方面切入，介绍利用前景进行拍摄的镜头。

8.1 前景作为陪体

前景作为陪体是指将被摄对象放在中景或者背景的位置，利用前景来进行一定的视线引导，使观众的视线集中在主体身上。本节将介绍两种前景作为陪体的镜头。

8.1.1 斜侧面跟随 + 前景跟随

【效果展示】斜侧面跟随 + 前景跟随是指镜头先从斜侧面跟随人物，在人物走到栏杆边后，利用栏杆作为前景，再继续跟随人物一段距离。斜侧面跟随 + 前景跟随运镜画面如图 8-1 所示。

图 8-1　斜侧面跟随 + 前景跟随运镜画面

【视频扫码】教学视频画面如图 8-2 所示。

扫码看视频

图 8-2　教学视频画面

下面对拍摄的脚本和分镜头进行解说。

▶▷ STEP01　镜头从人物斜侧面拍摄，人物从画面左侧开始前行，如图 8-3 所示。

▶▷ STEP02　镜头从斜侧面跟随人物，人物逐渐走到画面中间，如图 8-4 所示。

图 8-3　镜头从人物斜侧面拍摄

图 8-4　镜头从斜侧面跟随人物

▶▷ STEP03　人物走到栏杆处，沿着栏杆方向行走，镜头沿着另一栏杆跟随拍摄人物，如图 8-5 所示。

▶▷ STEP04　人物继续向前行走，镜头跟随一段距离，如图 8-6 所示。

图 8-5　镜头沿着栏杆跟随人物

图 8-6　镜头继续跟随一段距离

8.1.2 低角度横移＋上升＋过肩前推

【效果展示】低角度横移＋上升＋过肩前推是三个基础镜头组合在一起，镜头从低角度慢慢上升，前推越过人物，会带给观众一种穿越之感。这组镜头适合用来揭示人物出场和交代环境。低角度横移＋上升＋过肩前推运镜画面如图 8-7 所示。

图 8-7 低角度横移＋上升＋过肩前推运镜画面

【视频扫码】教学视频画面如图 8-8 所示。

扫码看视频

图 8-8 教学视频画面

下面对拍摄的脚本和分镜头进行解说。

▶▷ STEP01 以墙体为前景，镜头先低角度拍摄墙体，慢慢向左横移，如图 8-9 所示。

▶▶STEP02　人物朝镜头方向走来，镜头横移拍摄到人物脚部位置，开始慢慢上升，如图 8-10 所示。

图 8-9　镜头慢慢向左横移　　　　　图 8-10　镜头开始慢慢上升

▶▶STEP03　人物继续向前行走，镜头上升到平拍视角，开始前推，如图 8-11 所示。

▶▶STEP04　人物继续朝镜头走来，镜头继续前推，并从人物的肩膀越过，拍摄风景，如图 8-12 所示。

图 8-11　镜头开始前推

图 8-12　镜头前推越过人物肩膀

8.2 前景作为主体

前景作为主体就是将被摄主体放在近景甚至特写的位置，让被摄主体成为前景，使画面焦点都集中在前景上。本节将介绍三种前景作为主体的镜头，大家学会之后可以举一反三，进行更多不同的运镜尝试。

8.2.1 近景环绕

【效果展示】近景环绕是将人物放在前景的位置，近距离对人物进行环绕拍摄，可以多角度展示人物的神情、状态。在拍摄时，镜头可以适当仰拍，拍摄出来的人物会更好看。近景环绕运镜画面如图 8-13 所示。

图 8-13　近景环绕运镜画面

【视频扫码】教学视频画面如图 8-14 所示。

扫码看视频

图 8-14　教学视频画面

　　下面对拍摄的脚本和分镜头进行解说。

▶▶ STEP01 以天空为背景，将被摄人物作为前景，镜头从斜侧面拍摄人物胸部以上的位置，镜头稍稍仰拍，如图 8-15 所示。

▶▶ STEP02 镜头开始围绕人物进行环绕拍摄，人物转身，如图 8-16 所示。

近景 ↑

近景 ↑

图 8-15　镜头拍摄人物胸部以上的位置　　图 8-16　镜头开始围绕人物进行环绕拍摄

▶▶ STEP03 镜头继续对人物进行环绕拍摄，如图 8-17 所示。

▶▶ STEP04 镜头环绕到人物的另一侧面，如图 8-18 所示。

近景

图 8-17　镜头继续对人物进行环绕拍摄　　图 8-18　镜头环绕到人物另一侧面

8.2.2　下降镜头 + 特写前景

【效果展示】镜头在下降的过程中，从拍摄人物到拍摄人物前方的小草，转换到拍摄前景。下降镜头 + 特写前景运镜画面如图 8-19 所示。

图 8-19　下降镜头 + 特写前景运镜画面

【视频扫码】教学视频画面如图 8-20 所示。

扫码看视频

图 8-20　教学视频画面

下面对拍摄的脚本和分镜头进行解说。

▶▶ STEP01 人物坐在草地上，为画面中的中景，镜头从人物上方慢慢地下降，如图 8-21 所示。

▶▶ STEP02 镜头下降到拍摄坐着的人物，如图 8-22 所示。

远景

中近景

图 8-21　镜头从人物上方慢慢下降　　　图 8-22　镜头下降拍摄人物

▶▷ STEP03 镜头继续下降，拍摄人物坐着的地面，如图 8-23 所示。

▶▷ STEP04 镜头继续下降，拍摄小草的特写，如图 8-24 所示。

| 图 8-23 镜头继续下降 | 图 8-24 拍摄小草的特写 |

8.2.3 下移＋过肩后拉

【效果展示】下移＋过肩后拉运镜是镜头通过下移和过肩后拉使画面聚焦于人物，这组镜头是将人物作为前景，视频画面焦点从背景转换到前景上。下移＋过肩后拉运镜画面如图 8-25 所示。

图 8-25 下移＋过肩后拉运镜画面

【视频扫码】教学视频画面如图 8-26 所示。

扫码看视频

图 8-26　教学视频画面

下面对拍摄的脚本和分镜头进行解说。

▶▷ STEP01 镜头拍摄人物前方的风景，并慢慢下移，如图 8-27 所示。

▶▷ STEP02 镜头下移至人物肩膀处，人物开始出现在画面中，如图 8-28 所示。

图 8-27　镜头拍摄人物前方的风景　　　图 8-28　镜头下移至人物肩膀处

▶▷ STEP03 镜头从人物肩膀处开始慢慢后拉拍摄，人物在画面中渐渐变多，如图 8-29 所示。

▶▶ STEP04 镜头继续后拉一段距离，展示人物和环境，如图 8-30 所示。

图 8-29 镜头慢慢后拉

图 8-30 镜头继续后拉一段距离

第 **9** 章

拍摄静态对象

在前面的章节中已经介绍了几十种不同的运镜方式，相信大家对于使用稳定器进行运镜拍摄已经有了一定程度的掌握，本章将针对不同的静态拍摄对象来讲解运镜。从大家日常会遇到的拍摄对象出发，本章内容分为拍摄风景、拍摄室外建筑和拍摄室内空间三类，通过七种运镜方式教大家拍摄静态对象。

9.1 拍摄风景

风光摄影摄像是当下短视频平台上较为热门的一类视频，好看的风景可以吸引到很多人的关注，会让观众产生探索欲，在日常生活中，人们也会很喜欢将看到的美景记录下来。本节就来为大家介绍两种拍摄风景的镜头。

9.1.1 远景摇摄

【效果展示】远景摇摄主要是用水平摇摄的方式拍摄远处的风景，比如从左往右或者从右往左。远景摇摄适合用来拍摄大场面的风景镜头。远景摇摄画面如图 9-1 所示。

图 9-1　远景摇摄画面

【视频扫码】教学视频画面如图 9-2 所示。

下面对拍摄的脚本和分镜头进行解说。

▶▷ STEP01 镜头位置固定，选取一个合适的角度开始拍摄，如图 9-3 所示。

扫码看视频

图 9-2　教学视频画面

▶▶ STEP02 镜头慢慢向左摇摄，画面中展示的风景慢慢变化，如图 9-4 所示。

远景

远景

图 9-3　镜头固定位置进行拍摄　　　图 9-4　镜头慢慢向左摇摄

▶▶ STEP03 镜头继续向左摇摄，拍摄远处的桥梁，如图 9-5 所示。

▶▶ STEP04 镜头继续向左摇摄，桥梁完全进入画面，运镜结束，如图 9-6 所示。

图 9-5　镜头继续向左摇摄　　　　　　图 9-6　桥梁完全进入画面

9.1.2　仰拍横移

【效果展示】仰拍横移运镜是指在仰视角度下进行横移运镜，在拍摄过程中镜头始终保持仰拍。这个镜头可以用来拍摄高处的风景，例如，天空、大树等。仰拍横移运镜画面如图 9-7 所示。

图 9-7　仰拍横移运镜画面

【视频扫码】教学视频画面如图 9-8 所示。

下面对拍摄的脚本和分镜头进行解说。

▶▶ STEP01　拍摄者高举镜头并仰拍，镜头拍摄高处的树叶和天空，如图 9-9 所示。

▶▷ STEP02 镜头保持仰拍角度，开始慢慢向左横移，如图 9-10 所示。

扫码看视频

图 9-8　教学视频画面

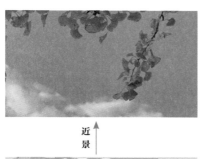

近景↑

图 9-9　镜头拍摄树叶和天空

近景↑

图 9-10　镜头开始慢慢向左横移

▶▷ STEP03 镜头继续向左横移，镜头中的画面逐渐变化，如图 9-11 所示。

▶▷ STEP04 镜头继续向左横移，直到天空占据画面二分之一左右，结束运镜，如图 9-12 所示。

图 9-11　镜头中的画面逐渐变化

图 9-12　镜头继续向左横移

9.2 拍摄室外建筑

　　建筑是生活中一种必不可少的载体，是随处可见、不容忽视的一种存在。那么，建筑又该怎么被镜头记录下来呢？本节将介绍三种拍摄室外建筑的镜头，希望可以帮助大家拍出好看的建筑。

9.2.1　全景摇摄

　　【效果展示】全景摇摄可以摇摄建筑物的全貌，因为单独的固定镜头并不能容纳整个建筑物，所以需要摇摄，这样才能拍摄大全景。全景摇摄画面如图 9-13 所示。

图 9-13　全景摇摄画面

【视频扫码】教学视频画面如图 9-14 所示。

扫码看视频

图 9-14　教学视频画面

下面对拍摄的脚本和分镜头进行解说。

▶▷ STEP01　镜头的位置固定，拍摄建筑物的左侧，如图 9-15 所示。

▶▷ STEP02　镜头慢慢向右摇摄，拍摄建筑物正前方微微偏左的位置，如图 9-16 所示。

远景

全景

图 9-15　镜头拍摄建筑物的左侧　　　图 9-16　镜头拍摄建筑物的正前方偏左的位置

▶▶ STEP03 镜头继续向右摇摄，展示建筑物正前方偏右的位置，如图9-17所示。

▶▶ STEP04 镜头向右摇摄到底，将建筑物剩余的部分展现出来，这时所有的建筑景色都被摄入画面了，就是完成了全景摇摄，如图9-18所示。

图9-17 镜头展示建筑物正前方偏右的位置　　　图9-18 镜头向右摇摄到底

9.2.2 垂直摇摄

【效果展示】垂直摇摄主要从垂直面上进行摇摄，垂直由上往下或者由下往上摇摄，该镜头适合拍摄高耸的楼房建筑。垂直摇摄画面如图9-19所示。

图9-19 垂直摇摄画面

【视频扫码】教学视频画面如图9-20所示。

扫码看视频

图 9-20　教学视频画面

下面对拍摄的脚本和分镜头进行解说。

▶▶ STEP01 镜头固定位置，仰拍建筑上方和天空，如图 9-21 所示。

▶▶ STEP02 镜头慢慢往下摇摄，天空越来越少，建筑变多了，如图 9-22 所示。

远景

远景

图 9-21　镜头仰拍建筑上方和天空　　　　图 9-22　镜头慢慢往下摇摄

▶▶ STEP03 镜头继续往下摇摄，拍摄建筑的全局，如图 9-23 所示。

▶▷ STEP04 镜头最后往下摇摄到地面位置，展示建筑周围的环境风景，让建筑画面更加立体和全面，如图 9-24 所示。

图 9-23　镜头下摇拍摄建筑的全局　　　　图 9-24　展示建筑周围的环境风景

9.2.3　上摇＋前推

【效果展示】上摇＋前推是指镜头从俯拍视角上摇为仰拍视角拍摄建筑物，再前推一段距离。这组镜头可以用于拍摄细长的建筑物，或者拍摄建筑物的局部。上摇＋前推运镜画面如图 9-25 所示。

图 9-25　上摇＋前推运镜画面

【视频扫码】教学视频画面如图 9-26 所示。

图 9-26 教学视频画面

下面对拍摄的脚本和分镜头进行解说。

▶▷ STEP01 镜头先俯拍地面，并开始慢慢上摇，如图 9-27 所示。

▶▷ STEP02 镜头继续上摇，灯塔慢慢出现在画面中，如图 9-28 所示。

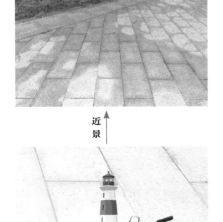

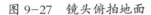

图 9-27 镜头俯拍地面

图 9-28 镜头继续上摇

▶▷ STEP03 镜头上摇至仰视角度，开始慢慢进行前推，如图 9-29 所示。

▶▷ STEP04 镜头前推一段距离，慢慢靠近灯塔，画面变得更加简洁，如图 9-30 所示。

图 9-29　镜头上摇至仰视角度　　　　　图 9-30　镜头前推一段距离

9.3 拍摄室内空间

室内空间是相对于自然空间而言的，是建筑物的内部空间环境，也是人们日常生活的主要空间。那么，如何将室内空间拍得好看呢？本节就来介绍两个拍摄室内空间的镜头，帮助大家拍出有质感的视频。

9.3.1　横移+摇摄

【效果展示】横移+摇摄是利用前景先进行横移运镜，再通过摇摄来展示室内空间。横移+摇摄运镜画面如图 9-31 所示。

图 9-31　横移+摇摄运镜画面

【视频扫码】教学视频画面如图 9-32 所示。

扫码看视频

图 9-32　教学视频画面

下面对拍摄的脚本和分镜头进行解说。

▶▷ STEP01 利用花束当前景，镜头先拍摄花束，如图 9-33 所示。

▶▷ STEP02 镜头慢慢向左横移，客厅环境慢慢出现在画面中，如图 9-34 所示。

图 9-33　镜头拍摄花束

图 9-34　镜头向左横移

▶ STEP03 镜头开始向左摇摄，客厅环境在画面中变多，如图 9-35 所示。

▶ STEP04 镜头继续向左摇摄，展示客厅的全貌，如图 9-36 所示。

图 9-35　镜头开始向左摇摄　　　　　图 9-36　镜头继续向左摇摄

9.3.2　后拉＋摇摄

【效果展示】后拉＋摇摄是镜头先拍摄窗外风景，通过后拉让镜头逐渐回到室内空间，再通过摇摄展示整个室内环境。这组镜头是一种第一视角的展示，较强的画面变化能让观众有身临其境之感。后拉＋摇摄画面如图 9-37 所示。

图 9-37　后拉＋摇摄画面

【视频扫码】教学视频画面如图 9-38 所示。

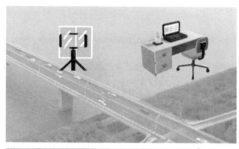

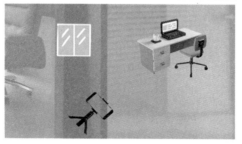

扫码看视频

图 9-38　教学视频画面

下面对拍摄的脚本和分镜头进行解说。

▶▶ STEP01 镜头先贴近窗户，拍摄窗外的风景，如图 9-39 所示。

▶▶ STEP02 镜头慢慢后拉，后拉至窗户出现在画面中，如图 9-40 所示，镜头开始向右摇摄。

远景

近景

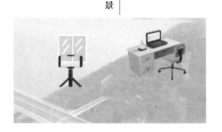

图 9-39　镜头拍摄窗外的风景　　　　图 9-40　镜头慢慢后拉

▶▷ STEP03 镜头向右摇摄房间，同时继续后拉，如图 9-41 所示。

▶▷ STEP04 镜头继续后拉摇摄，直到拍摄者走出房间，如图 9-42 所示。

近景 ↑

图 9-41 镜头向右摇摄房间

中近景 ↑

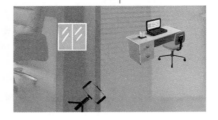

图 9-42 镜头继续后拉摇摄

第 **10** 章

拍摄动态对象

在前面的章节中介绍了如何拍摄静止的被摄对象，本章将讲解拍摄动态对象的运镜。拍摄动态对象和拍摄静态对象运镜是有一定区别的，需要拍摄者根据被摄对象的运动轨迹或是运动状态来安排不同的运镜方式。本章将以拍摄人物为例，从小范围运动和大范围运动两个方面出发，为大家讲解动态对象的运镜拍摄。

10.1 被摄对象小范围运动

人物小范围运动是指人物的位置基本固定不动，在原地完成相应动作，拍摄者根据相应情景进行运镜拍摄。人物小范围运动的情况下和拍摄静物有些类似，但不能完全等于拍摄静物，拍摄者需要根据人物状态和原地所做的动作来进行运镜。本节将介绍五种人物小范围运动下的运镜。

10.1.1 环绕+推镜头

【效果展示】环绕+推镜头是指以人物为中心环绕人物拍摄，并且在环绕的过程中慢慢向前推，景别同时慢慢变小。环绕+推镜头运镜画面如图10-1所示。

图 10-1　环绕+推镜头运镜画面

【视频扫码】教学视频画面如图10-2所示。

扫码看视频

图 10-2　教学视频画面

下面对拍摄的脚本和分镜头进行解说。

▶▷STEP01 镜头拍摄人物的侧面，如图 10-3 所示。

▶▷STEP02 镜头环绕到人物斜前侧，并慢慢向前推，如图 10-4 所示。

图 10-3　镜头拍摄人物的侧面　　　　　图 10-4　镜头环绕并前推

▶▷STEP03 镜头继续环绕，到人物的正面并推近，如图 10-5 所示。

▶▷STEP04 镜头环绕推近到人物腰部以上的背面位置，如图 10-6 所示。

图 10-5　镜头继续环绕推近　　　　　图 10-6　镜头环绕到人物背面

10.1.2 降镜头+横移+升镜头

【效果展示】降镜头+横移+升镜头是指镜头先高角度拍摄风景，然后下降至平拍角度，横移拍摄人物，最后再上升拍摄风景。这组镜头会带给观众视角转换之感。降镜头+横移+升镜头画面如图 10-7 所示。

图 10-7　降镜头+横移+升镜头画面

【视频扫码】教学视频画面如图 10-8 所示。

扫码看视频

图 10-8　教学视频画面

下面对拍摄的脚本和分镜头进行解说。

▶▶ STEP01　将镜头举高，拍摄天空，并慢慢下降，如图 10-9 所示。

▶▷ STEP02 镜头向右横移，人物逐渐出现在画面中，如图 10-10 所示。

图 10-9　镜头慢慢下降　　　　　　　图 10-10　镜头向右横移

▶▷ STEP03 镜头继续向右横移，使人物处于画面中间位置，如图 10-11 所示。

▶▷ STEP04 镜头继续右移，人物消失在画面后，镜头慢慢上升拍摄风景，如图 10-12 所示。

图 10-11　镜头继续向右横移　　　　　图 10-12　镜头慢慢上升

10.1.3　降镜头+前推+上摇

【效果展示】降镜头+前推+上摇是指镜头先从较高角度下降拍摄人物，再前推上摇拍摄人物所看的风景。这组镜头主要拍摄人物的背面，这会带给观众一种视角上的变化。降镜头+前推+上摇运镜画面如图10-13所示。

图 10-13　降镜头+前推+上摇运镜画面

【视频扫码】教学视频画面如图 10-14 所示。

扫码看视频

图 10-14　教学视频画面

下面对拍摄的脚本和分镜头进行解说。

▶▷ STEP01 将镜头举高拍摄天空，并慢慢下降镜头，如图10-15所示。

▶▶STEP02 镜头继续下降，人物慢慢出现在画面中，镜头下降至平拍角度即可，如图 10-16 所示。

图 10-15　镜头拍摄天空

图 10-16　镜头下降至平拍角度

▶▶STEP03 镜头开始慢慢前推，并从人物肩膀处越过，如图 10-17 所示。

▶▶STEP04 镜头越过人物肩膀后，向上摇摄，再次拍摄天空，如图 10-18 所示。

图 10-17　镜头从人物肩膀处越过

图 10-18　镜头向上摇摄

10.1.4 推镜头 + 环绕 + 后拉

【效果展示】推镜头 + 环绕 + 后拉运镜是指以人物所处的位置为中心，依次进行前推运镜、环绕运镜和后拉运镜，多角度、多景别地展示人物和所处环境。推镜头 + 环绕 + 后拉运镜画面如图 10-19 所示。

图 10-19　推镜头 + 环绕 + 后拉运镜画面

【视频扫码】教学视频画面如图 10-20 所示。

扫码看视频

图 10-20　教学视频画面

下面对拍摄的脚本和分镜头进行解说。

▶▶ STEP01 镜头从人物的反侧面拍摄，开始慢慢前推，如图 10-21 所示。

▶▷ STEP02 镜头继续前推，推至快贴近人物时，开始进行环绕，如图 10-22 所示。

图 10-21　镜头开始慢慢前推　　　　　图 10-22　镜头开始进行环绕

▶▷ STEP03 镜头环绕到人物的背面，开始进行后拉运镜，如图 10-23 所示。

▶▷ STEP04 镜头从人物背面后拉一段距离，展示人物和环境，如图 10-24 所示。

图 10-23　镜头环绕到人物背面开始后拉　　图 10-24　镜头后拉一段距离

10.1.5 希区柯克变焦运镜

【效果展示】希区柯克变焦运镜主要是人物位置不变，对背景进行变焦，从而营造出一种空间压缩感。本次运镜是稳定器在"背景靠近"的效果选项下，镜头渐渐远离人物，也就是后拉一段距离。希区柯克变焦运镜画面如图 10-25 所示。

图 10-25　希区柯克变焦运镜画面

【视频扫码】教学视频画面如图 10-26 所示。

扫码看视频

图 10-26　教学视频画面

下面对拍摄的脚本和分镜头进行解说。

▶▷ STEP01 在 DJI Mimo 软件中的拍摄模式下，❶切换至"动态变焦"模式；❷默认选择"背景靠近"拍摄效果，并点击"完成"按钮，如图 10-27 所示。

▶▷ STEP02 ❶框选人像；❷点击拍摄按钮，如图 10-28 所示，在拍摄时，人物位置不变，镜头后拉一段距离，慢慢远离人物。

图 10-27　点击"完成"按钮

图 10-28　点击拍摄按钮

▶▷ STEP03 拍摄完成后，弹出合成提示界面，显示合成进度，如图 10-29 所示。

▶▷ STEP04 合成完成后，即可在相册中查看拍摄的视频，如图 10-30 所示。

图 10-29　显示合成进度

图 10-30　查看拍摄的视频

⑩.② 被摄对象大范围运动

被摄对象在大范围运动的情况下，镜头的运动范围也会相应变大一些，这也会更加考验拍摄者的运镜能力。本节将为大家介绍五种适合被摄对象大范围运动时使用的镜头。

10.2.1 旋转后拉

【效果展示】旋转后拉运镜是将旋转和后拉两个镜头结合在一起，在旋转的同时进行后拉。这个镜头和盗梦空间运镜有些类似，会带给观众一种眩晕感。旋转后拉运镜画面如图 10-31 所示。

图 10-31　旋转后拉运镜画面

【视频扫码】教学视频画面如图 10-32 所示。

扫码看视频

图 10-32　教学视频画面

下面对拍摄的脚本和分镜头进行解说。

▶▶ STEP01　将稳定器切换至"旋转拍摄"模式，并将镜头旋转一定角度，从略高于人物头部的位置开始拍摄，如图 10-33 所示。

▶▶ STEP02　人物向前行走，推动摇杆使镜头旋转，同时进行后拉，如图 10-34 所示。

图 10-33　镜头旋转一定角度从高角度拍摄

图 10-34　镜头旋转的同时进行后拉

▶️ STEP03 人物继续向前走，镜头继续旋转后拉拍摄，如图 10-35 所示。

▶️ STEP04 人物继续前行，镜头继续旋转后拉拍摄，直到镜头无法旋转，展示人物全貌和其所处的环境，如图 10-36 所示。

图 10-35　镜头继续旋转后拉　　　　图 10-36　展示人物和所处环境

10.2.2　上摇 + 后拉

【效果展示】上摇 + 后拉镜头是先从人物背面俯拍人物腿部，然后上摇拍摄人物，同时人物向前走，最后进行后拉拍摄，展示人物及环境。这组镜头十分具有氛围感。上摇 + 后拉运镜画面如图 10-37 所示。

图 10-37　上摇 + 后拉运镜画面

【视频扫码】教学视频画面如图 10-38 所示。

扫码看视频

图 10-38　教学视频画面

下面对拍摄的脚本和分镜头进行解说。

▶▷STEP01　镜头从人物背面俯拍人物腿部，并慢慢上摇，如图 10-39 所示。

▶▷STEP02　人物向前行走，镜头上摇至平拍角度，如图 10-40 所示。

近景

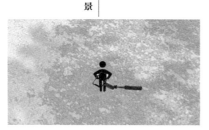

中景

图 10-39　镜头俯拍人物腿部

图 10-40　镜头上摇至平拍角度

▶▶ STEP03 人物继续向前走，镜头进行后拉拍摄，如图 10-41 所示。

▶▶ STEP04 镜头继续后拉一段距离，人物逐渐远离镜头，如图 10-42 所示。

图 10-41 镜头进行后拉拍摄　　　　图 10-42 镜头继续后拉一段距离

10.2.3 半环绕后拉

【效果展示】半环绕后拉运镜是指镜头环绕人物 180 度，然后进行后拉运镜。该镜头在多方位地展示人物和环境的同时，人物在画面中越走越远，适合作为结束镜头。半环绕后拉运镜画面如图 10-43 所示。

图 10-43 半环绕后拉运镜画面

【视频扫码】教学视频画面如图 10-44 所示。

扫码看视频

图 10-44　教学视频画面

　　下面对拍摄的脚本和分镜头进行解说。

▶▷ STEP01 镜头从正面拍摄人物，人物朝镜头走来，如图 10-45 所示。

▶▷ STEP02 镜头开始环绕拍摄人物，环绕到人物的侧面，如图 10-46 所示。

中近景

图 10-45　镜头从正面拍摄人物

近景

图 10-46　镜头环绕到人物侧面

▶▷ STEP03 镜头半环绕拍摄到人物的背面并进行后拉，如图 10-47 所示。

▶▶ STEP04 镜头继续后拉一段距离，如图 10-48 所示。

图 10-47　镜头环绕到人物背面进行后拉　　　图 10-48　镜头后拉一段距离

10.2.4　运动环绕 + 上移

【效果展示】运动环绕 + 上移运镜需要镜头跟随人物运动，并从右至左环绕人物，在环绕的过程中进行上移拍摄。运动环绕 + 上移运镜画面如图 10-49 所示。

图 10-49　运动环绕 + 上移运镜画面

【视频扫码】教学视频画面如图 10-50 所示。

扫码看视频

图 10-50　教学视频画面

下面对拍摄的脚本和分镜头进行解说。

▶▶ STEP01 人物前行时，镜头在人物右侧进行低角度拍摄，如图 10-51 所示。

▶▶ STEP02 人物继续前行，镜头慢慢上移并环绕到人物背面，如图 10-52 所示。

图 10-51　镜头从人物右侧进行低角度拍摄　　　图 10-52　镜头环绕到人物背面

▶ STEP03 镜头继续环绕，拍摄人物的侧面，如图 10-53 所示。

▶ STEP04 镜头环绕到人物的侧前方，停止跟随环绕，并上移拍摄风景，画面焦点由人到景，更具流动感，如图 10-54 所示。

图 10-53　镜头继续环绕到人物侧面　　　　图 10-54　镜头上移拍摄风景

10.2.5　无缝转场

【效果展示】无缝转场是由两段视频组合而成的，分别是前推和后拉镜头，后期将两段视频组合在一起，可以让视频无缝切换场景。无缝转场运镜画面如图 10-55 所示。

图 10-55　无缝转场运镜画面

【视频扫码】教学视频画面如图 10-56 所示。

扫码看视频

图 10-56　教学视频画面

　　下面对拍摄的脚本和分镜头进行解说。

▶▷ STEP01 　第一段视频，镜头从正面前推拍摄人物，人物同时朝镜头走来，如图 10-57 所示。

▶▷ STEP02 　在镜头和人物相遇时，人物伸手遮挡镜头，如图 10-58 所示，使镜头完全被遮挡即可。

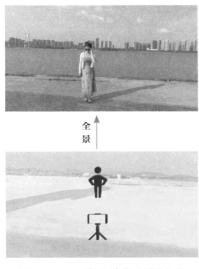

全景 ↑

近景 ↑

图 10-57　镜头前推拍摄人物　　　　　图 10-58　人物伸手遮挡镜头

▶▷ STEP03 第二段视频，镜头紧贴人物手掌，人物向前行走，镜头向后拉，如图 10-59 所示。

▶▷ STEP04 人物继续向前行走，镜头继续后拉一段距离，展示人物和环境，如图 10-60 所示。

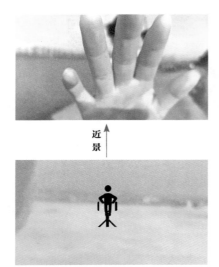

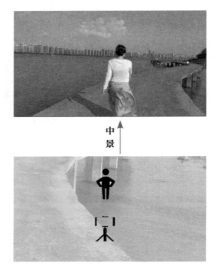

图 10-59　镜头向后拉　　　　　图 10-60　展示人物所处场景

第11章

《惬意的独处时光》
拍摄与后期

掌握运镜拍摄技巧的秘诀在于多实践，而且是需要将所学的运镜方法综合起来用于短视频的创作中，才能有更多机会创作出优质的短视频。本章将以《惬意的独处时光》为例，为大家提供运镜拍摄技巧综合实战的参考，另外，还会以这个视频为例简单介绍视频后期的剪辑流程。

11.1 《惬意的独处时光》的分镜头脚本

通过前面章节的学习，我们知道了分镜头脚本是拍摄视频的主要依据，能够提前统筹安排好视频拍摄过程中的所有事项。因此，提前策划好脚本，能让拍摄过程更加顺利。《惬意的独处时光》视频的分镜头脚本见表 11-1。

表 11-1　《惬意的独处时光》的分镜头脚本

镜　号	景　别	运　镜	画　面	时　长
1	中景	低角度横移	人物走入画面	4s
2	全景	后拉下摇 + 上摇后拉	第一段视频，人物面向镜头行走 第二段视频，人物站立在护栏边	9s
3	全景	反向跟随 + 斜线后拉	人物面向镜头向前行走	8s
4	近景	旋转前推 + 旋转后拉	第一段视频，人物背对镜头站立不动 第二段视频，人物转向镜头	4s
5	中近景	侧面跟随	人物侧面对镜头，向前行走	5s
6	全景	上升环绕后拉	人物朝镜头方向行走	14s
7	全景	低角度前推 + 高角度后拉	第一段视频，人物朝镜头走来 第二段视频，人物背对镜头前进	7s

《惬意的独处时光》这个视频所要呈现的效果带有一定的电影感，所以，不一定需要阳光明媚的天气，阴天也适合拍摄该视频，且更能拍出氛围感。

在实际的拍摄过程中，有可能会出现收工后发现遗漏镜头，或者现场找不到合适的机位等突发状况，这就需要拍摄者能够随机应变。

提前写好的分镜头脚本，只是一个计划书，如果没有拍出想要的镜头，也可以用其他镜头代替，毕竟遇到好看的风景，或者临时产生的灵感，都可以拍出精美的画面。

所以，在实际拍摄视频的过程中，拍摄者也不必完全被脚本限制住，除了脚本中已经写好的镜头内容，拍摄者也可以多拍摄一些额外镜头作为替补素材，以作备用。

11.2 分镜头片段

《惬意的独处时光》视频是由七个分镜头视频构成的，这些分镜头大多数是在前面章节学习过的，一些没有学习过的镜头也可以仿照所学的拍摄技巧和思路，举一反三地进行拍摄。本节将介绍《惬意的独处时光》视频的分镜头拍摄技巧，方便大家巩固运镜技巧。

11.2.1 低角度横移

【效果展示】低角度横移运镜需要手机稳定器倒着拿，从右向左横移拍摄走路的人物。低角度横移运镜画面如图 11-1 所示。

图 11-1 低角度横移运镜画面

【视频扫码】教学视频画面如图 11-2 所示。

扫码看视频

图 11-2 教学视频画面

下面对拍摄的脚本和分镜头进行解说。

▶▷ STEP01 倒拿手机稳定器，镜头低角度拍摄地面和远处风景，如图 11-3 所示。

▶▷ STEP02 人物从左侧走入画面，镜头继续慢慢向左移动，拍摄到人物腿部的位置，如图 11-4 所示。

远景 ↑

近景 ↑

图 11-3 镜头低角度拍摄地面和远处风景   图 11-4 镜头拍摄人物腿部位置

▶▷ STEP03 人物继续向前走，镜头继续向左移动，如图 11-5 所示。

▶▷ STEP04 镜头继续左移，人物继续向前走，直到将整个人物都拍进画面，运镜结束，如图 11-6 所示。

中景 ↑

全景 ↑

图 11-5 镜头继续向左移动   图 11-6 将整个人物拍进画面后结束运镜

11.2.2　后拉下摇＋上摇后拉

【效果展示】后拉下摇＋上摇后拉是由两段视频构成的，第一段视频后拉下摇拍摄人物走向镜头，第二段视频上摇后拉拍摄人物看风景的背面，让视频自然地切换场景。后拉下摇＋上摇后拉运镜画面如图 11-7 所示。

图 11-7　后拉下摇＋上摇后拉运镜画面

【视频扫码】教学视频画面如图 11-8 所示。

扫码看视频

图 11-8　教学视频画面

下面对拍摄的脚本和分镜头进行解说。

▷▷ STEP01　人物面对镜头向前行走，镜头慢慢往后拉，如图 11-9 所示。

▷▷ STEP02　人物继续前行，镜头后拉一段距离后开始下摇，下摇至画面中出现地面，如图 11-10 所示。

图 11-9　镜头慢慢往后拉　　　　　图 11-10　镜头开始下摇

▶▶ STEP03 转换场景，人物背对镜头站立不动，镜头从拍摄地面开始上摇，上摇至人物出现在画面中，如图 11-11 所示。

▶▶ STEP04 人物站立不动，镜头后拉一段距离，如图 11-12 所示，展示人物和风景。

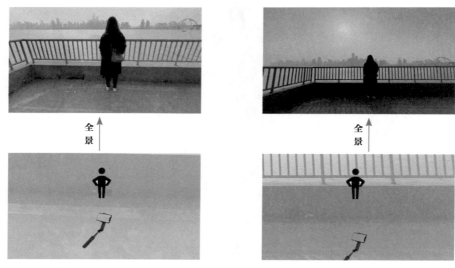

图 11-11　镜头上摇至人物出现在画面中　　　图 11-12　镜头后拉一段距离

11.2.3 反向跟随+斜线后拉

【效果展示】反向跟随+斜线后拉是镜头在反向跟随人物时，同时进行斜线后拉，人物的斜侧面是主要画面。反向跟随+斜线后拉运镜画面如图 11-13 所示。

图 11-13 反向跟随+斜线后拉运镜画面

【视频扫码】教学视频画面如图 11-14 所示。

扫码看视频

图 11-14 教学视频画面

下面对拍摄的脚本和分镜头进行解说。

▶▶ STEP01 人物向前行走，镜头拍摄人物斜侧面，如图 11-15 所示。

▶▷ STEP02 镜头反向跟随人物，同时慢慢后拉，如图 11-16 所示。

图 11-15　镜头拍摄人物斜侧面　　　　图 11-16　镜头慢慢后拉

▶▷ STEP03 人物继续前行，走到石柱被遮挡，如图 11-17 所示，镜头继续反向跟随并后拉。

▶▷ STEP04 人物继续向前行走，镜头继续跟随并后拉一段距离，展示人物和所处环境，如图 11-18 所示。

图 11-17　人物被石柱遮挡　　　　图 11-18　镜头继续跟随并后拉一段距离

11.2.4 旋转前推+旋转后拉

【效果展示】旋转前推+旋转后拉是由两段视频构成，第一段视频旋转前推拍摄人物背面，第二段视频旋转后拉拍摄人物转身，这组镜头可以用来制作转场视频。旋转前推+旋转后拉运镜画面如图 11-19 所示。

图 11-19　旋转前推+旋转后拉运镜画面

【视频扫码】教学视频画面如图 11-20 所示。

扫码看视频

图 11-20　教学视频画面

下面对拍摄的脚本和分镜头进行解说。

▶▷ STEP01　人物背对镜头站立不动，镜头开始旋转，同时向前推，如图 11-21 所示。

▶▷ STEP02　镜头旋转一定角度后停止旋转，继续前推，如图 11-22 所示，前推至贴近人物的衣服。

图 11-21　镜头开始旋转并前推　　　　图 11-22　镜头继续前推

▶▶ STEP03 切换场景，人物背对镜头，镜头旋转一定角度，从贴近人物衣服处开始后拉，如图 11-23 所示。

▶▶ STEP04 镜头慢慢回正并向另一个方向旋转一定的角度，拍摄人物转身，同时继续后拉一段距离，拍摄人物及所处环境，如图 11-24 所示。

图 11-23　镜头开始后拉　　　　　　图 11-24　镜头后拉一段距离

11.2.5　侧面跟随

【效果展示】侧面跟随运镜相较于正面跟随运镜而言，主要是从人物的侧面跟随。侧面跟随运镜画面如图 11-25 所示。

图 11-25　侧面跟随运镜画面

【视频扫码】教学视频画面如图 11-26 所示。

扫码看视频

图 11-26　教学视频画面

下面对拍摄的脚本和分镜头进行解说。

▶▷ STEP01　人物从右侧开始准备前行，镜头拍摄人物侧面，如图 11-27 所示。

▶▷ STEP02 在人物前行的过程中，镜头从侧面跟随人物，如图 11-28
所示。

图 11-27　镜头拍摄人物的侧面　　　　　图 11-28　镜头从侧面跟随人物

▶▷ STEP03 镜头继续侧面跟随，如图 11-29 所示。

▶▷ STEP04 在人物前行结束的时候，镜头始终从侧面跟随，如图 11-30
所示。

图 11-29　镜头继续侧面跟随　　　　　图 11-30　镜头始终从侧面跟随

11.2.6 上升环绕后拉

【效果展示】上升环绕后拉运镜是镜头先从低角度上升拍摄人物，在镜头和人物即将相遇时进行环绕运镜，镜头环绕到人物背面开始后拉。这组运镜可以较好地展示人物和所处环境。上升环绕后拉运镜画面如图 11-31 所示。

图 11-31 上升环绕后拉运镜画面

【视频扫码】教学视频画面如图 11-32 所示。

扫码看视频

图 11-32 教学视频画面

下面对拍摄的脚本和分镜头进行解说。

▶▷ STEP01 人物朝着镜头走来，镜头低角度拍摄，并慢慢上升，如图 11-33 所示。

▶▶ STEP02 镜头继续上升，人物继续向前走，在镜头和人物即将相遇时，镜头开始进行环绕，如图 11-34 所示。

图 11-33　镜头慢慢上升

图 11-34　镜头开始进行环绕

▶▶ STEP03 人物继续向前走，镜头环绕至人物侧面，如图 11-35 所示。

▶▶ STEP04 人物继续前进，镜头环绕到人物背面，并向后拉一段距离，展示人物和所处环境，如图 11-36 所示。

图 11-35　镜头环绕至人物侧面

图 11-36　镜头后拉一段距离

11.2.7　低角度前推+高角度后拉

【效果展示】低角度前推 + 高角度后拉是由两段视频组成，第一段视频是低角度前推拍摄人物下楼，第二段视频是高角度后拉拍摄人物看风景。低角度前推 + 高角度后拉运镜画面如图 11-37 所示。

图 11-37　低角度前推 + 高角度后拉运镜画面

【视频扫码】教学视频画面如图 11-38 所示。

扫码看视频

图 11-38　教学视频画面

下面对拍摄的脚本和分镜头进行解说。

▶▷ STEP01　人物面对镜头，从楼梯上往下走，镜头低角度拍摄，慢慢进行前推，如图 11-39 所示。

▶▷ STEP02　人物继续向下行走，镜头继续低角度前推，镜头和人物相遇时，人物抬脚遮挡镜头，如图 11-40 所示。

图 11-39　镜头慢慢进行前推　　　　图 11-40　人物抬脚遮挡镜头

▶▶ STEP03 转换场景，人物背对镜头前行，镜头从人物头部上方的位置进行拍摄，并慢慢后拉，如图 11-41 所示。

▶▶ STEP04 人物继续行走，镜头继续后拉一段距离，展示人物和所处环境，如图 11-42 所示。

图 11-41　镜头慢慢后拉　　　　图 11-42　镜头展示人物和所处环境

11.3 后期剪辑全流程

将拍摄好的视频素材导入剪映 App 中，为视频设置转场、添加滤镜、添加音乐、添加片头片尾及特效等处理，能够使画面更加精美，从而吸引更多人的关注。本节将介绍剪辑视频《惬意的独处时光》各个分镜头的方法，《惬意的独处时光》视频的效果展示如图 11-43 所示。

图 11-43 效果展示

扫码看视频

11.3.1 设置转场

转场即视频素材与素材之间的过渡或者转换。将拍摄好的七段视频素材导入剪映 App 中，为视频素材设置相应的转场效果，能够让素材与素材之间的衔接与转换更加自然。

下面介绍在剪映 App 中为视频设置转场的操作方法。

▶▶ STEP01 ❶在剪映 App 主界面点击"开始创作"按钮；❷按照顺序选择相应的视频素材；❸选中"高清"复选框；❹点击"添加"按钮，如图 11-44 所示，执行操作后即可导入相应的视频素材。

图 11-44 点击"添加"按钮

▶▶ STEP02 ❶点击第一段素材与第二段素材之间的▮按钮；❷在"叠化"选项卡中选择"色彩溶解"效果；❸点击"全局应用"按钮，如图 11-45 所示，把转场效果应用到所有的素材之间。

图 11-45 点击"全局应用"按钮

11.3.2 添加滤镜

为视频添加滤镜可以适当改变视频画面的色彩，让视频看起来更有意境。为视频《惬意的独处时光》选择"去灰"滤镜，可以适当降低画面灰度，从而让视频画面看起来更加明朗。

下面介绍在剪映 App 中为视频添加滤镜的操作方法。

返回一级工具栏，拖动时间轴至视频素材起始位置；❶点击"滤镜"按钮；❷在"基础"选项卡中选择"去灰"滤镜；❸拖动滑块，设置滤镜应用程度为60，如图 11-46 所示，调整"去灰"滤镜的时长，使其与视频素材时长一致，将滤镜效果应用到整个视频。

图 11-46　拖动滑块

11.3.3 添加音乐

为视频《惬意的独处时光》添加剪映 App 音乐素材库中的音乐，配合视频画面，能够增加视频的观赏度与美感。

下面介绍在剪映 App 中为视频添加音乐的操作方法。

▶▶STEP01 返回一级工具栏，拖动时间轴至视频素材起始位置，❶点击"关闭原声"按钮，将视频素材原声关闭；❷依次点击"音频"按钮和"音乐"按钮；

❸在"音乐"界面选择"旅行"选项，如图 11-47 所示，进入相应界面选择音乐。

图 11-47　选择"旅行"选项

▶▶ STEP02 ❶选择合适的音乐进行试听，点击其右侧的"使用"按钮；❷拖动时间轴至视频素材的结束位置；❸选择音频素材，并依次点击"分割"按钮和"删除"按钮，如图 11-48 所示，即可删除多余音频素材。

图 11-48　点击"删除"按钮

11.3.4　添加片头片尾

扫码看视频

　　为视频《惬意的独处时光》添加片头、片尾，可以突出视频的主题，使观众明确视频的内容；还可以丰富视频画面，从而增加视频的观赏度。

　　下面介绍在剪映 App 中为视频添加片头、片尾的操作方法。

▶▶ STEP01 返回一级工具栏，拖动时间轴至视频素材起始位置，❶依次点击"文字"按钮和"新建文本"按钮；❷在文字编辑界面中输入相应的文字内容；❸在"字体"选项卡中选择一个合适的字体，如图 11-49 所示。

图 11-49　选择一个合适的字体

▶▶ STEP02 ❶切换至"动画"选项卡；❷在"入场"选项区中选择"逐字旋转"动画效果；❸拖动蓝色滑块，设置其时长为 1.2 s；❹在"出场"选项区中选择"向左解散"动画效果；❺拖动红色滑块，设置其时长为 1.2 s，如图 11-50 所示，调整文字素材的时长，使其结束位置和第一段视频素材的结束位置对齐。

▶▶ STEP03 ❶拖动时间轴至 52 s 的位置；❷返回上一级工具栏，点击"新建文本"按钮；❸切换至"文字模版"选项卡；❹展开"简约"选项区；❺在其中选择一个合适的模板，如图 11-51 所示。

▶▶STEP04 ❶切换至"动画"选项卡；❷在选择"逐字渐显"入场动画；
❸拖动滑块，设置动画时长为 1.2 s；❹点击 1↓ 按钮，切换至文字模板中的第二
排文字，用同样的方法为其设置 1.2 s 的"逐字渐显"入场动画，如图 11-52 所
示，最后调整文字素材时长，使其结束位置与视频素材的结束位置一致。

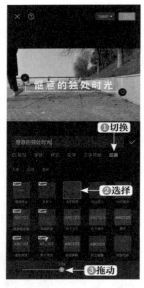

图 11-50　拖动红色滑块

图 11-51　选择一个合适的模板

图 11-52　点击相应的按钮

扫码看视频

11.3.5　添加特效

为视频添加特效，能够让视频画面看起来更加精美，更加具备电影感，从而帮助视频获得更多的关注。

下面介绍在剪映 App 中为视频添加特效的操作方法。

返回一级工具栏，拖动时间轴至视频素材起始位置，❶依次点击"特效"按钮和"画面特效"按钮；❷在"电影"选项卡中选择"电影感画幅"特效；❸点击✓按钮，如图 11-53 所示，调整特效素材时长，使其与视频素材时长一致，将特效应用到整个视频。

图 11-53　点击相应的按钮